Y0-AHP-013

AMARGO CAFE

Colección Semilla

amargo café

(los pequeños y medianos caficultores
de Utuado en la segunda mitad
del siglo xix)

fernando picó, s. j.

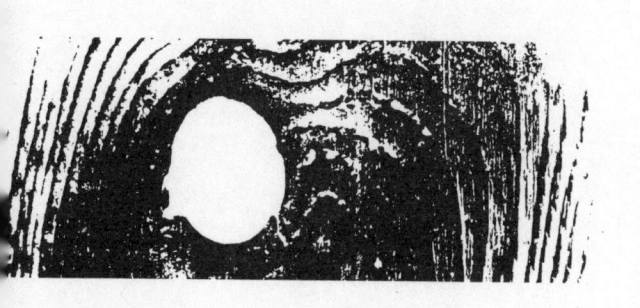

colección
semilla

1985

ediciones huracán

Primera edición: 1981
Segunda edición: 1985

Portada y diseño gráfico: J. A. Peláez

©Ediciones Huracán, Inc.
Ave. González 1002
Río Piedras, Puerto Rico

Impreso y hecho en la República Dominicana/
Printed and made in the Dominican Republic

Número de catálogo Biblioteca del Congreso/
Library of Congress Catalog Number: 81-69788
ISBN: 0-940238-49-7

"A un nivel más bajo todavía lograba descubrir otra colina salpicada de chozas; eran hacenduelas de míseros propietarios que merodeaban descalzos por los montes, contratándose para trabajar en las grandes fincas, rindiéndose tributarios de la tienda de Andújar, la gran ventosa del barrio, y para los cuales el tiempo pasaba sin que tuvieran ni recursos, ni ánimo, ni voluntad para mejorar los propios terrenos en donde, gracias al esfuerzo fecundo de la Naturaleza, crecían abandonados algunos cafetos y bananos, y se veían ondear, en días de viento, prados de forrajes, o de estériles malezas.".

(Manuel Zeno Gandía, *La Charca*)

"La fragmentación de la propiedad rural era un índice de la debilidad estructural de los hacendados puertorriqueños como clase".

(History Task Force, Centro de Estudios Puertorriqueños, *Labor Migration Under Capitalism: The Puerto Rican Experience*)

INDICE

Abreviaturas 9
Prefacio 11

PARTE I
La pequeña y mediana producción agrícola ... 17

CAPITULO I. *La dinámica social en los municipios cafetaleros de Puerto Rico, 1870-1914* 19
CAPITULO II. *La pequeña y mediana propiedad en Utuado* 41
CAPITULO III. *El crédito y la refacción* 65
CAPITULO IV. *La mano de obra en la pequeña y mediana producción* 85
CAPITULO V. *La producción para el mercado internacional* 97

PARTE II
Las experiencias concretas de familias de agricultores 107

CAPITULO VI. *Los Avilés* 109
CAPITULO VII. *Los Collazo de Caonillas* .. 121
CAPITULO VIII. *Los Negrón de Paso de Palma y Caonillas* 131
CAPITULO IX. *Los Olivo de Angeles* 143

Conclusión 153

ABREVIATURAS

AGPR — Archivo General de Puerto Rico.
FGEPR — Fondo de los Gobernadores Españoles de Puerto Rico (en el AGPR).
FMU — Fondo Municipal de Utuado (en el AGPR; nota: Los números de caja que se citan son provisionales y corresponden al inventario preliminar del fondo).
Gastos públicos — "Reparto para los gastos públicos del presente año de..." (copias en el FGEPR, caja 594).
Libertad y servidumbre — Fernando Picó, S.J., *Libertad y servidumbre en el Puerto Rico del siglo XIX: los jornaleros utuadeños en vísperas del auge del café* (Río Piedras: Ediciones Huracán, 1979).
Padrón — "Utuado. Padrón nominal de propietarios de terrenos. Año de..." (usualmente en alguna caja del FMU, que se cita según sea el caso).
Prot Not Utuado — Protocolos Notariales, Utuado, Otros Funcionarios (en el AGPR).
Prot Not Utuado Alfonzo — Protocolos Notariales, Utuado, Osvaldo Alfonzo.
PSMU — Parroquia San Miguel de Utuado.
RJ — *Registro general de jornaleros, Utuado (1849-50)*, ed. F. Picó (Río Piedras: Ediciones Huracán, 1976).

Subsidio — "Reparto nominal del subsidio que ha cabido a cada vecino del Pueblo de Utuado en el presente año de..." (copias en el FGEPR, caja 594).

c.c. — casó con.

m. — murió.

n. — nació.

r — folio, lado derecho.

v — folio vuelto.

PREFACIO

A los 86 años, mi abuela, Alvilda Sureda, se impacientaba porque lo que en otro tiempo fueron sus jardines de margaritas y gladiolas en Las Planadas (Cayey), se había convertido en matojales. No podía ya bajar con su pico a desyerbar y sembrar, ni encontraba quien lo hiciera por ella. Hasta que un día mi tío Fernando ajustó a un vecino para que talara el jardín grande de abajo y sembrara margaritas.

Doña Alvilda, como siempre, no estuvo plenamente de acuerdo con un arreglo hecho por otro, sin que ella hubiera deliberado sobre el asunto. Pero cuando el vecino mochó la mata de trinitaria blanca, su insatisfacción encontró cauce en la indignación:

—¡A nadie se le ocurre ajustar a una persona que nunca ha trabajado, nada más que para sí misma, en su propio terreno! ¡Mira como tala! Los peones aquí talaban rápido, ganando tiempo; no estaban sacando el pañuelo para pasárselo por la frente. Pero como él nunca ha tenido que trabajar a jornal, lo hace a su conveniencia.

Las margaritas prendieron y florecieron; la trinitaria, después de varios meses de confrontarse con la inspección matutina de mi abuela, retoñó. Ella luego murió, dos semanas antes de cumplir los 87; la maleza invadió de nuevo el predio, las margaritas desaparecieron, y la trinitaria creció sin ningún control hasta tapar la entrada al jardín.

Yo pasaba los fines de semana en Las Planadas, fichando mi material de Utuado y escribiendo Libertad y servidumbre. *De domingo en domingo me encontraba con el vecino, a su regreso de la gallera, quien miraba críticamente el jardín perdido, y decía:* —No es lo mismo sin la doña.

Una vez lo visité; tenía todo su terreno sembrado: café, chinas, guineos, habichuelas, maíz, yautías. En el batey, gallinas inglesas, y en sus jaulas, los gallos de pelea. La finca había estado en su familia por varias generaciones. Vivía solo; el tío con quien había compartido su casa tantos años, había quedado impedido, y se lo habían llevado a un hogar en el pueblo. Dos o tres veces al año lo visitaban unos primos.

Un día me enteré del precio a que había vendido su cosecha de café. Me asombré por lo mucho que había ganado.

Cuando inicié el estudio de los caficultores de Utuado en el siglo 19, y me topé con los cientos de pequeños y medianos propietarios en las listas fiscales, recordé el vecino de mi abuela en Las Planadas. Y me pareció que una historia social del Puerto Rico agrario que hablara sólo sobre hacendados y jornaleros nunca sería cabal. De ahí este libro, en el que los pequeños y medianos productores agrícolas de Utuado, caficultores en mayor o menor grado, acaparan el foco de la atención.

La descripción del marco cronológico dentro del cual se mueven estos caficultores constituye el primer capítulo de este libro. Luego sigue un capítulo sobre la tenencia de la tierra, uno sobre el crédito y la refacción, y otro sobre la mano de obra en la pequeña y mediana producción agrícola de la segunda mitad del siglo 19. En el quinto capítulo se examinan las implicaciones de producir y elaborar el grano cafetalero para el mercado. La segunda parte del libro examina las vicisitudes y logros de un grupo de familias campesinas. La conclusión trata de llevar el libro a puerto, sorteando el Scylla y el Caribdis de las dos citas que aparecen como epígrafe del libro.

Naturalmente, nada de esto tiene ni un reflejo de la audacia y la gloria del filibustero Enríquez, ni el destello de la pasión del pirata Cofresí. La historia de los agricultores no agota la pólvora de la imaginación; la historia de la agricultura es como la música gregoriana: sólo ensimisma a los que la cantan a diario. Emilio Salgari escribía novelones para los que ya no podrían ser piratas. Esta crónica de un mundo de simientes y crianzas, de cosechas y lunas nuevas, de fiestas de acabe y obligaciones hipotecarias, no hará que ningún estudiante, desvelado en vísperas de un examen, sueñe con tener diez cuerdas de cafetal y dos docenas de gallinas inglesas. Pero quizás le haga comprender que la historia de nuestro pueblo tiene su eje, no en los ataques al Morro, o en los tratados hechos en capitales europeas, sino en el esfuerzo tesonero de miles de criollos que batallaron día a día con terrones y bejucos, y así forjaron un pueblo.

Hoy día se hace lo mismo de mil otras maneras, y

no está de moda hablar de fincas. Los descendientes de aquellos estancieros que se ponían los zapatos después de cruzar el río a la entrada del pueblo, hojearán este libro en Plaza Las Américas por la curiosidad de encontrar los apellidos de sus abuelos en alguna lista prestigiosa. Llévenselo en buena hora a sus bibliotecas, junto al televisor, y léanse un par de párrafos durante los comerciales, porque uno nunca sabe cuando llegará el momento en que sea necesario que tratemos de reconocer quiénes somos.

Durante la investigación y la 'utuadologización' que precedieron y acompañaron la redacción de este libro, mucha gente me brindó su apoyo. Quiero darle las gracias a mis colegas universitarios, Gervasio García, Andrés Ramos Mattei, José Curet, Julio Damiani, Lolita Luque, Luis Agrait, María de los Angeles Castro, Manolo Alvarado, Aida Caro, Jorge Iván Rosa Silva, Guillermo Baralt, Juan José Baldrich, Enrique Lausell, Francisco Scarano, Laird Bergad, Arcadio Díaz Quiñones, Blanca Silvestrini, Carmelo Rosario, Tony Lauria, Kenneth Lugo, Carlos Buitrago, Gonzalo Córdova, Wigberto Lugo, Nélida Muñoz, Jesús Cambre, Pedro San Miguel, Mario Rodríguez León, Héctor Rodríguez Nieves y Ramón Corrada, *cuyos comentarios y sugerencias en torno a* Libertad y servidumbre *y a una versión mimeografiada del primer capítulo ayudaron a clarificar problemas y planteamientos. Gracias también al señor decano de la Facultad de Humanidades, José Ramón de la Torre, quien, con el cariñoso y siempre efectivo respaldo del director del departamento de historia, Enrique Lugo Silva, me concedió un destaque de un curso durante el año académico 1980-81 para redactar el libro; a la profesora Catalina Palerm, de la Oficina de Publicaciones e Investigaciones de la Facultad de Humanidades; a mi cuñado Enrique Bird, con quien frecuentemente he discutido mis investigaciones utuadeñas; al doctor Pedro Hernández y su esposa Ana, a doña Amelia Sandín, a los Padres y Hermanos Capuchinos de Utuado, y don Moncho, el secretario de la parroquia, y a los oficiales del Registro de la Propiedad y el Registro Demográfico de Utuado.*

Gracias muchas les debo también a Luis de la Rosa y Eduardo León, del Archivo General de Puerto Rico, que nunca escatiman su ayuda y siempre han compartido su entusiasmo por la investigación, y a todo el personal del Archivo, tan generoso y dedicado. A Carmín Rivera Izcoa, de Ediciones Huracán, cuyo constante estímulo y aliento hace posible que los libros se terminen. A mis compañeros jesuitas, en particular José Angel Borges, Orlando Torres, Jeff Chojnacki, Guillermo Arias, Maximino Rodríguez, Baudilio Guzmán y Gerardo López. A los estudiantes posgraduados, Carmen Campos, Edmée Gierbolini, Pedro Juan Hernández, Carlos Rosado, Héctor Martínez, Aida Figueroa, Carlos Casanova, y otros, que me han brindado pistas en la investigación, y han compartido sus inquietudes históricas en esa hora sagrada del almuerzo cuando el Archivo cierra y el seminario del parque Muñoz Rivera está en sesión.

Mis tíos Jorge y Fernando Bauermeister me han explicado muchas cosas sobre la agricultura, especialmente sobre el café. Es de ellos, y de mi hermana Carmen, que he aprendido que la historia de la tierra y de los que bregan con ella merece hacerse.

El libro se lo dedico a mis padres, Florencio Picó y Matilde Bauermeister.

PARTE I

LA PEQUEÑA Y MEDIANA PRODUCCION AGRICOLA

CAPITULO I. *La dinámica social en los municipios cafetaleros de Puerto Rico, 1870-1914*

El mayor y más sostenido esfuerzo de la historia agraria puertorriqueña ha sido el de estudiar la hacienda cañera y la cafetalera. Esta prioridad se entiende tanto por el propio proceso histórico que ha atravesado nuestro país desde principios de este siglo —lo que ha dado bríos al debate sobre el papel que jugó la clase hacendada criolla, desplazada por las corporaciones azucareras, en nuestra vida política— como por los estímulos que ha recibido nuestra historiografía de la nueva historia latinoamericana. Pero hay que recordar que, al menos en la zona cafetalera de la Cordillera Central, la sociedad criolla no estaba dividida sólo en hacendados y peones. Los exámenes del Catastro de Fincas Rústicas de los 1890, del Registro de la Propiedad, de los padrones de terreno y de las listas fiscales revelan una realidad más compleja. Se va haciendo obvio que, entre 1870 y 1914, una preponderante proporción del cultivo y cosecho del café se realizaba en pequeñas o medianas unidades que no eran haciendas.[1] Se ha llegado a considerar, incluso, que el auge del café de fines del siglo 19 manifestó la incapacidad estructural del régimen

---

1 Ver la reciente tesis doctoral de Laird Bergad, *Puerto Rico, Puerto Pobre: Coffee and the Growth of Agrarian Capitalism in Nineteenth Century Puerto Rico* (University of Pittsburgh, 1980), tabla 53, "Structure of Coffee Cultivation in Lares, 1897", p. 344.

español de propiciar un sistema capitalista de plantación.[2]

Para entender cómo se formaron y se desempeñaron las pequeñas y medianas fincas cafetaleras, hay que examinar, aunque sea someramente, el marco histórico dentro del cual vivieron y trabajaron sus poseedores. La historia de los municipios cafetaleros, entre 1870 y 1914, se puede subdividir en cuatro etapas: a) un período de crecimiento económico acelerado; b) un auge, impulsado por los buenos precios del café que rigen a fines del siglo 19; c) una crisis, que comienza con el bloqueo y la invasión norteamericana y se agudiza por factores tales como el desastre de San Ciriaco, la fuga del crédito a la costa y la baja mundial de los precios del café; d) y finalmente, una recuperación en los años buenos que preceden a la Primera Guerra Mundial. ¿Cuál fue la dinámica social operante en estos cuatro momentos sucesivos? ¿Qué grado de movilidad social hubo? ¿Cuáles fueron las relaciones entre las clases sociales y sus manifestaciones en conflictos, tensiones, rivalidades, convergencias o alianzas? ¿Cuál fue la relación entre el campo y la zona urbana del municipio, y cuál el trasiego de los roles sociales significativos? Tales preguntas demandan una investigación más minuciosa del período; aquí sólo intentamos esbozar una respuesta preliminar.

---

[2] History Task Force, Centro de Estudios Puertorriqueños, *Labor Migration Under Capitalism: The Puerto Rican Experience* (New York: 1979), p. 80.

Una tierra de frontera

Para principios de la década de 1870, algunos de los municipios cafetaleros no existen como tales. Otros, todavía no se han señalado para esa fecha como económicamente importantes a pesar de que su fundación pueda remontarse al siglo 18. La mayoría de éstos son entonces tierra de frontera, donde impera todavía el bosque tropical, y donde se encuentra gente de todas partes de la costa y del extranjero que ha llegado buscando fortuna: libertos, esclavos prófugos, emigrados políticos, jóvenes mallorquines escapando el servicio militar, corsos a quienes la caída de Napoleón III les ha quitado ilusiones imperiales, italianos huyendo de las convulsiones de una Italia unificada, vascos, catalanes, canarios, asturianos, andaluces. Sobre todo, encontramos a los criollos de nuestras costas: gente de Ponce y Peñuelas que ha perdido la tierra heredada, arecibeños desplazados por el crecimiento de las haciendas azucareras, mulatos de Manatí, hijos pródigos de Aguadilla, Aguada o Rincón; sangermeños que buscan tierra adentro las oportunidades que ya no les podía brindar su entonces tricentenaria villa. De tiempo en tiempo, las autoridades hacen pesquisas entre las dotaciones de las haciendas cafetaleras. En 1884, por ejemplo, en la hacienda de don Domingo Massari en el barrio Indiera Baja de Maricao, detienen a Celedonio Camareno, natural de Cabo Rojo, acusado del asesinato de su concubina en el barrio de la Sidra de Añasco, y a José Pedro Galarza, natural de Yauco, sospechoso de haberse fugado del presidio, ambos domiciliados sin papeles.[3] Pero estas son las excepciones, que usualmente obedecen a denuncias. Por lo general, la montaña no hace demasiadas preguntas cuando se trata de conseguir mano de obra para abrir la tierra virgen.

Para todo este abigarrado y heterogéneo grupo de gente la frontera interna de Puerto Rico es tierra de oportunidad. Han estado llegando en grandes grupos a la montaña desde la década del 1830, ocupando a veces la tierra realenga, sin más trámite que el incendiar un cuadro de terreno para construir un bohío y realizar siembras menores. Un número de ellos, tras largos papeleos, ha obtenido títulos de la Junta de Repartimiento de Terrenos Baldíos. Para el 1870, sin embargo, en la casi totalidad de los municipios de la montaña queda muy poco terreno por repartir, y el mismo se obtiene más bien por influencias, o inversiones que no están al alcance de la mayoría de los 'sin tierra'.

La propiedad en esos tiempos permanece en un estado fluído. Por un lado, las grandes posesiones de la vieja élite terrateniente local están dividiéndose en porciones hereditarias y en predios que se van vendiendo paulatinamente para pagar deudas; por otro lado, la gran hacienda cafetalera está en pleno proceso de formación. Pero sería un error pensar que la hacienda cafetalera se forma directamente, y en todos los casos, de la gran posesión inculta de épocas anteriores. Por el contrario, el

---

[3] AGPR, FGEPR, caja 497, oficio del alcalde de Maricao Quintín Santana al gobernador, 26 de enero 1884.

Registro de la Propiedad nos permite constatar que la formación del nuevo latifundio es el resultado de un proceso de agregación de pequeñas estancias y de terrenos concedidos por la Junta Superior de Terrenos Baldíos. Así, la Hacienda Gripiñas, en Jayuya Arriba, de don Eusebio Pérez, consistente de 1526 cuerdas, es el resultado de veinte diferentes adquisiciones de terreno. Las 314 cuerdas originales se obtuvieron de la sucesión de Miguel Marín en 1865,[4] y hubo adquisiciones sucesivas hasta la década de 1890. De las porciones compradas después de la adquisición original, hay una finca de 200 cuerdas, una de 133, una de 106-1/2, y tres de 100; todas las otras están entre las 15 y las 90 cuerdas,[5] como se puede observar por la siguiente tabla:

Tabla 1.1—Compras de terreno por Eusebio Pérez para formar la Hacienda Gripiñas en Jayuya Arriba, 1865-1892

Vendedor	Núm. de cuerdas	Fecha de venta	Precio (en pesos)
1. Margarita Maldonado viuda de Miguel Marín	314	24 de nov. 1865*	3032 y 50 ctvos.
2. Bárbara Rivera viuda de Juan Antonio Marín	133	12 sept. 1866*	972 y 62-1/2 ctvos.
3. Pedro José González	100	13 sept. 1869*	1200

4 AGPR, Prot Not Utuado Alfonzo 1865, 193 v-195 r.
5 Departamento de Justicia, Registro de la Propiedad, Utuado tomo 55, finca no. 3209, folios 238 r-240 r, inscripción 1.

4.	Leonor Marín Maldonado	34.87	6 julio 1866	69
5.	José Vicente Heredia	25	23 enero 1872	150
6.	Juan Evangelista Heredia	100	3 enero 1873	1200
7.	Gregorio de Jesús	34	21 marzo 1873	139
8.	Juan Irizarry	35	18 mayo 1874	200
9.	Juan Manuel y Manuel Antonio Heredia	23.5	6 julio 1876	600
10.	Francisco Joyos	25	6 julio 1876*	700
11.	Antonio Abad Medina y Manuel Pérez	15	5 mayo 1877	700
12.	Joaquín de Torres	106.5	21 abril 1880	800
13.	Blasina Marín Maldonado	34.86	29 sept. 1883	250
14.	Gregorio de Jesús	100	5 febrero 1886	1500
15.	Victorino Marín Maldonado	34	9 agosto 1887	300
16.	María Justa Marín Maldonado	34.86	31 enero 1889	250
17.	Viuda y herederos de Gregorio de Jesús	16	27 sept. 1890*	500
18.	Pedro José González Ramos	70	26 abril 1892	1000
19.	María Cleofe y María Engracia			

	González Rodríguez	200	3 mayo 1891	1200
20.	Pedro José González Ramos	90	19 junio 1888	2500

Fuente: Registro de la Propiedad, Utuado, tomo 55, finca no. 3209, e inscripciones individuales de las 20 fincas ahí agrupadas.

* Indica mención en la escritura de venta del endeudamiento del vendedor con el comprador Pérez.

Las Gripiñas, naturalmente, es sólo un componente del vasto imperio cafetalero que don Eusebio Pérez, "el que mandaba en siete pueblos",[6] construye desde que llegó a Utuado desde Arecibo, como joven escribiente, en la década de los 1840, y donde murió en 1899, un mes antes del huracán San Ciriaco.[7] Igual que don Eusebio Pérez, hay un número de grandes hacendados de la zona cafetalera, que abren la tierra al cultivo intensivo del café en este período de rápido crecimiento de la frontera interna.

La hacienda cafetalera, como núcleo productor de primera importancia, necesita suficiente crédito en este período inicial para extender las siembras y hacer los edificios, glaciles, y maquinaria para descascarar el café. Un elemento imprescindible es, por lo tanto, las facilidades de financiamiento que permitan el rápido crecimiento de la empresa. La ha-

6 Carlos Orama Padilla, "Don Eusebio Pérez: un caudillo del cafetal", *Album de Jayuya 1962-63* (San Juan: 1964), p. 171.
7 Registro de la Propiedad, Utuado, tomo 55, *loc. cit.*, inscripción 5ta.

cienda es incomprensible sin los refactores en el pueblo o en la costa. Con tasas de interés de uno a dos por ciento mensual, los refactores van supliendo los "caldos, víveres, efectos y efectivo" que encontramos en las escrituras de obligación. Son ellos también los que, en pago de sus acreencias, van a recibir el café pergamino "a punto de embarque" que constituye el segundo polo de sus ganancias. En su época de crecimiento, la zona cafetalera dependerá del crédito y del mercadeo que las sociedades comerciales de la costa le pueden brindar. La crisis del azúcar en la década del 1870 suscita una coyuntura favorable que dirige el crédito de la costa hacia la montaña, dotando a ésta del brío suficiente como para lograr su despegue económico. Los agentes de las sociedades comerciales de Arecibo, Ponce y Mayagüez disciernen un gran potencial productivo en los pueblos del centro.[8] Algunos de ellos se independizan de sus patronos y establecen su propia refacción. En cambio otros, por su brillante éxito, logran que los socios de la casa mercantil los acepten como partenaires en la empresa.[9] De ahí, pues, estas historias deslumbrantes de adolescentes que llegan de Mallorca, Córcega o Cataluña, encomendados a algún pariente emi-

---

[8] Ver Astrid Cubano, "La economía arecibeña del siglo XIX: Identificación de productores y comerciantes", *Anales de Investigación Histórica* VI no. 1 (1979), p. 1-66.

[9] Ver Esperanza Mayol Alcover, *Islas: Autobiografía* (Palma de Mallorca, 1974), especialmente el capítulo 1; Laird W. Bergad, "Toward Puerto Rico's Grito de Lares: Coffee, Social Stratification and Class Conflicts, 1828-1868", *Hispanic American Historical Review* LX (1980), p. 618-24.

grado, y que en diez años hacen fortuna y sientan cabeza: los famosos dependientes que, partiendo tocino, aprenden a prestar dinero con creces.

La hacienda cafetalera mantiene, desde sus primeros años, una simbiosis con los comerciantes-prestamistas del pueblo. Muy pocos son los hacendados cafetaleros que no dependen de los comerciantes, pero hay algunos, como los Pietri-Mariani que estudia Carlos Buitrago,[10] que elaboran un sistema propio en que dos ramas de la misma familia atienden, respectivamente, una la hacienda de Adjuntas y la otra la casa comercial en Yauco. Naturalmente, este arreglo permite desarrollar una hacienda con gastos de refacción reducidos, y con considerables ventajas de mercadeo, pero depende de la estrecha solidaridad familiar y mutua compatibilidad de los gestores responsables. Es dudoso que tales arreglos hayan durado más allá de la generación pionera.

Pero esta rápida articulación de relaciones entre cafetaleros y comerciantes del pueblo no es el único testigo del despegue de la economía cafetalera de la montaña. Los roles básicos que van a regir la producción cafetalera en el campo también descansan en un complejo proceso de dependencia, apoyo y solidaridad. En *Libertad y servidumbre* tratamos de identificar los elementos constituyentes de la masa trabajadora rural en Utuado y Jayuya. Nuestra historia social no le ha brindado suficiente atención al proceso mediante el cual el jíbaro

---

10 Carlos Buitrago, *Los orígenes históricos de la sociedad precapitalista en Puerto Rico* (Río Piedras: Ediciones Huracán, 1976).

llegó a ser peón de hacienda cafetalera, a pesar de la importancia que el mismo reviste para entender una etapa crucial en el desarrollo de nuestra sociedad. La descripción del hombre de la montaña de fines del siglo 18 que leemos en Iñigo Abad, y la descripción que luego vemos de ese mismo personaje en el cuadro de la hacienda cafetalera que nos ofrece Zeno Gandía en *La Charca* a fines del siglo 19, debe ser tema obligado de reflexión histórica. La catástrofe —no puede llamársele menos— evidenciada en las fortunas del jíbaro en el curso de esos 120 años que van de Iñigo Abad a Zeno Gandía está íntimamente ligada al cambio económico que atraviesa la zona central.

La hacienda cafetalera, en su búsqueda de mano de obra, atrapa al jíbaro en un nuevo sistema de agrego que perpetúa su dependencia y empeora sus condiciones de vida. La década del 1870 ve la abolición de la esclavitud y la revocación de la libreta. Pero estas modificaciones institucionales no afectan sustancialmente el proceso por el cual la hacienda va aglutinando su fuerza de trabajo. Al revés, ellas facilitan la circulación de trabajadores, de la costa en crisis, a la activa montaña cafetalera. Así, los libertos de municipios como Isabela,[11] trepan la cordillera y encuentran un nuevo sistema de relaciones de trabajo en el Pepino, Lares o

---

11 En su tesis de maestría, "Isabela: el ayuntamiento y la región, 1873-1888", María Barceló Miller observa el estancamiento poblacional de Isabela en los 1880 y señala la emigración al interior como uno de los factores responsables. Por las partidas del Registro Demográfico de Utuado de los 1890 se pueden observar muchos criollos de la costa en la montaña.

Utuado.

Sin embargo, los hacendados, comerciantes y peones, no son los únicos elementos claves en la sociedad cafetalera. Hay otros elementos importantes, por su número, y por su impacto en el cultivo del café: los pequeños y medianos productores. Individualmente tienden a escapar a la atención del estudioso, pero es imposible examinar padrones de terrenos, planillas de riqueza, listas de electores, el Catastro de Fincas Rústicas de los 1890 y los tomos iniciales del Registro de la Propiedad, sin toparse a cada paso con ellos. El proceso de endeudamiento, la pérdida de la tierra y la reducción a la categoría de peón, aunque hacen graves estragos en sus rangos, no aniquilan este sector numéricamente preponderante de la sociedad rural. Hay siempre inmigrantes con ahorros que les compran las tierras embargadas a las sociedades comerciales. El hecho de que sobreviviera este estrato considerablemente amplio, tiene interesantes consecuencias para la dinámica social. Significa ante todo que la sociedad cafetalera no estará polarizada entre grandes hacendados y comerciantes, por un lado, y minifundistas y peones por el otro. Estos pequeños y medianos propietarios serán potencialmente atractivos políticamente para los organizadores de partidos de orientación criolla. Este estrato, al debatirse entre la precariedad y la solvencia económica, está listo para cobrar conciencia de los mecanismos que determinan su situación. Por otro lado, suplirán quizás hasta un 60 por ciento del café producido. Para los hacendados y comerciantes en la fase inicial de la economía cafetalera es deseable la supervivencia de estos pequeños y medianos productores ya que, por los dispositivos de crédito y mercadeo prevalecientes, representan fuentes de ganancias.

Por eso hay que hacer una salvedad importante cuando se compara la sociedad rural del Puerto Rico de fines de siglo 19 con las sociedades rurales cerealeras de Europa o México: estas últimas buscan mitigar la depresión de los precios que les ocasiona la competencia de la estancia, pues los precios dependen en gran medida de la producción y la demanda regionales. Pero el precio del café no se fija en Puerto Rico, sino en los grandes centros comerciales del Atlántico norte, razón por la cual los grandes hacendados cafetaleros no tienen que temer la competencia en precios de los pequeños productores. Al revés, estos venden su café uva al hacendado, compran en su tienda de raya, y le suplen la mano de obra familiar para la cosecha cuando acaban la propia. Así se entiende que el modo de producción en la zona cafetalera no sólo dependa de la existencia de un campesinado desposeído.

El auge

Según el crecimiento de esta zona interna de frontera va promoviendo el gran auge del café en la última década y media antes de la conquista norteamericana, los roles distintivos de la sociedad cafetalera —gran productor, comerciante-refaccionista, pequeño productor, trabajador— adquirirán rasgos definidos y esferas de acción consideradas propias. Los conflictos de intereses entre ellos, naturalmente, se harán más patentes. Se cobra una mayor conciencia de las distinciones entre criollos e inmigrantes. En municipios extensos, la zona de producción cafetalera a veces queda remota del pueblo, lo que da lugar al desarrollo de núcleos urbanos alternos. Desde 1871, Las Marías se ha desprendido de Mayagüez; poco después Maricao se separa también de San Germán. Surgen como poblados Jayuya y Angeles en Utuado, Villalba en Juana Díaz, Castañer entre Adjuntas y Lares. Inevitablemente aparecen tensiones entre la sede del municipio y estos nuevos centros de población.

La guardia rural, brazo importante de las autoridades municipales, disciplina a los trabajadores, amedrenta a los díscolos y garantiza el orden establecido en la ruralía. El volumen de producción aumenta rápidamente, y hombres, mujeres y niños tienen ahora largas jornadas de cosecha en las que se cifran esperanzas de pagar deudas, comprar ropa y medicinas y disfrutar una navidad alegre. La anemia y la tuberculosis, sin embargo, como se constata prácticamente en cada página del registro de defunciones de Utuado, están haciendo estragos entre los trabajadores. Tomemos al azar cuatro días de verano de la 'época dorada del café': Entre el 1 y el 4 de julio de 1897 se registran en Utuado las defunciones de las siguientes personas: Aniceto Martínez, labrador, de 60 años, muerte de fiebre tifoidea; Juan Albarrán, jornalero, de 45, de clorosis; José Carpio, de 18, jornalero, de anemia; María Monserrate Méndez, de 18; de anemia; Ramón Rivera, jornalero, de 48, de anemia; Juana Ramona Ruiz, de un mes, de tétano; Secundino Rodríguez, jornalero, de 20, de anemia.[12] Ha venido a predominar el 'jíbaro jincho' de los cuadros de Oller y Pou.

La hacienda está estimulando la siembra de cafetales nuevos mucho más que la extensión de cultivos de refacción, o la crianza de animales, a riesgo de llegar a depender más de artículos importados, tales como el bacalao y las arenques. Algunos medianos propietarios, —en realidad pocos— ven la oportunidad propicia para intensificar las llamadas siembras menores. La mayoría, no obstante las advertencias del agrónomo Fernando López Tuero,[13] han sido cautivados por el espejismo de los precios montantes del café.

Para la clase dirigente es una época brillante en que las ganancias rápidas se gastan rápidamente en esas hermosas casas que Ciales todavía conserva, en viajes de vacaciones en los que se deslumbra a los parientes payeses en Mallorca, en enviar a los hijos a estudiar leyes a Barcelona o medicina a los Estados Unidos, en exquisitos muebles de caoba y mimbre, y en espejos de cuerpo entero para reflejar los destellos de las lámparas de Baccarat. Se invierte también en la compra de tierra, ya que los

---

12 Departamento de Salud Pública, Registro Demográfico, Utuado, Defunciones, tomo 21, partidas 423-429.

13 Ver Fernando López Tuero, *La reforma agrícola* (San Juan: 1891), p. 89.

precios de ésta suben continuamente. Inclusive, se toma dinero prestado para dedicarlo a estos fines, lo que se considera una inversión segura. Esta acelerada adquisición de tierra, que se puede estudiar en los protocolos notariales y en los tomos del Registro de la Propiedad, aumenta la presión sobre los pequeños y medianos propietarios. Las perspectivas de que los hijos de esas numerosas familias puedan tener suficiente tierra propia decrecen, razón por la cual son inducidos a colocarse en puestos subalternos como mayordomos, capataces y arrieros. Por otro lado, la avidez de tierra del vecino hacendado alimenta la desconfianza y reduce la solidaridad entre los terratenientes, grandes y menores.

Las sedes municipales cafetaleras relumbran en los 1890. Utuado tiene planta eléctrica propia,[14] y por la noche los contertulios pasean cogidos por el brazo entre los jardines iluminados de su plaza de recreo. En 1894, le llega el título de ciudad y el juzgado de primera instancia. Es entonces el segundo municipio en población de todo Puerto Rico, y aunque esa población haya sido abrumadoramente rural, no deja por eso de ufanarse la Junta Municipal del papel principalísimo que juegan sus administrados en la prosperidad del país.

Es verdad que el azúcar está dando tumbos en los mercados internacionales, y que las relaciones entre Estados Unidos y España se deterioran por

---

14 Ver Carlos E. Seijo, *Datos históricos de Utuado y su planta eléctrica* (San Juan: 1955).

cuestión de Cuba. Pero Hamburgo, Bremen, Le Havre y Southampton están importando café puertorriqueño. Hay cierta inocencia juvenil que se percibe en la poesía elitista de la época, en las danzas compuestas por hijos de comerciantes, como don Francisco Casalduc, de Utuado, en los reglamentos para teatro, hospital, baños públicos, que se remitían para la aprobación de Fortaleza,[15] y en los bandos y proclamas de las flamantes juntas municipales. Si detrás de toda esa fachada no hubieran estado, oprimidos ya casi hasta el límite, los resortes de una explotación sistemática del peón criollo, uno creería que en realidad era una época dorada, cuando, codo con codo, las inocentes hijas del hacendado y del peón recibían juntas su primera comunión.

La crisis

Entonces viene el bloqueo norteamericano del '98. No se consigue pan. No se ve la perspectiva de vender a Europa el grano de la próxima cosecha. Corren rumores de insurrección.[16] La montaña ha entrado en crisis.

La invasión norteamericana pone de manifiesto

---

15 Ver, por ejemplo, AGPR, Diputación Provincial, Utuado, caja 3, el "Expediente promovido por d. Mariano Artau sobre el establecimiento de una sociedad titulada 'Asilo de San Rafael' " (1892). El artículo primero lee: "Esta casa, construida por las hermanas y los hermanos espiritistas de Utuado, se dedica a los infelices sin albergue."

16 Sobre este período ver Julio Tomás Martínez y Mirabal, *Colección Martínez: Crónicas íntimas* (Arecibo: 1946).

la falta de solidaridad entre los comerciantes y hacendados peninsulares y sus homólogos criollos. Unos cierran sus ventanas y puertas, mientras otros ponen guirnaldas bajo las cuales desfilan las sudorosas tropas en azul. Han quedado delineados los roles respectivos frente al invasor. Los criollos esperan recibir mercedado el poder político que no habían aprendido a obtener y conservar por sí mismos. Los peninsulares aguardan que la lógica de la contradictoria nueva situación eventualmente se resuelva a su favor. Pero el '98 los marca a ambos, y ambos querrán perpetuar en su descendencia unas actitudes e ilusiones urdidas cuando se cambiaron las reglas del juego.

Pero es el campo el que sorprende entonces. Están quemando las haciendas.[17] Hay emboscadas contra los guardias rurales, que se apresuran a presentar sus renuncias.[18] Partidas de 'tiznados' crean un terror rural. La época de los compontes se revive con desquite. ¿Quiénes son los miembros de estas partidas que hostigan a los españoles? Pequeños propietarios, peones, algunos jóvenes de familias criollas acomodadas— la opinión pública llega a señalar apellidos. Solo un estudio sistemático de las causas criminales entonces incoadas puede iluminar este apasionante aspecto del fin del

---

17 Juan Manuel Delgado, quien ha estudiado las 'partidas sediciosas', especialmente en el área de Ciales, tiene un libro en preparación sobre este tema. Ver también la novela *Tierra adentro*, escrita en la segunda década de este siglo por el novelista utuadeño Ramón Juliá Marín.

18 Ver FMU, caja 16.

siglo pasado.[19]

Para colmo de males, sobre la azarosa cosecha de café del '98 se sobrepone el desastre del huracán San Ciriaco en el '99. La precariedad del orden económico acaba de ponerse de manifiesto. La cosecha se ha perdido; no hay suficientes siembras menores para alimentar la población; todo el mundo está endeudado, pero, víctima del mayor apremio a pagar, es el trabajador que quiere irse a Ponce o Mayagüez. El hambre alimenta la ferocidad de las epidemias.

Los municipios cafetaleros necesitan abundante crédito para levantarse de nuevo. Pero es entonces cuando las casas comerciales de la costa, muchas de ellas en manos de peninsulares, deciden cortar por lo sano. El café dejará de interesarles. Es el nuevo y versátil mundo del azúcar, privilegiado por los nuevos arreglos arancelarios, el que suscitará su interés. El crédito, por lo tanto, regresa a la costa; la tierra de montaña baja de valor; las haciendas hipotecadas sobreviven sólo porque sus acreedores no quieren cargar con su peso muerto. Para colmo de males, los precios mundiales del café están bajando, ante la renovada producción brasilera, y el aporte de las nuevas zonas abiertas al cultivo en Centro y Sur América. La crisis sume

---

19 En el Registro de la Propiedad de Utuado hay varias inscripciones de principios de 1901 en las que se menciona la participación del dueño de la propiedad en partidas. Por ejemplo, Máximo Rivera López, cuya finca de 50 cuerdas en Angeles estaba hipotecada desde 1897, es enjuiciado en agosto de 1900 por "incendio y robo en cuadrilla" (Registro de la Propiedad, Utuado, tomo 47, finca 2607, inscripciones 2 y A).

a la montaña en el letargo. La gente emigra, y, a la vanguardia del proceso están los hijos profesionales de la élite, que se desplazan hacia los centros urbanos de la costa. Hay quienes marchan, buscando fortuna como en otros siglos, a las tierras de promisión de Hawaii y Arizona.

El nuevo mundo de la soberanía norteamericana en Puerto Rico, tendrá, por lo tanto, significados diferentes para la montaña y para la costa. Para la costa es el renacimiento del azúcar, las grandes inversiones, el riego, las escuelas superiores, los hospitales, los puentes; es decir, toda la infraestructura que en el curso de una década transformará los valles costaneros. Para la montaña, son los tiempos aciagos en que se compite amargamente por los pocos empleos burocráticos del nuevo gobierno y las escasas oportunidades de la nueva era.

No todo, naturalmente, es infausto: Ashford ha empezado la campaña contra la anemia "entre la mejor gente del mundo" en la zona cafetalera;[20] las vegas de tabaco lentamente le van a abrir nuevos horizontes a los pequeños y medianos agricultores; la escolarización va a acelerar el cambio social, y el automóvil, esa curiosa nueva bestia, va a posibilitar un mejor acceso a los mercados de la costa.

---

20 Ver Bailey K. Ashford, *A Soldier in Science* (New York: 1934), p. 62.

La recuperación antes de la Primera Guerra Mundial

Es así como, después de 1905, empieza a experimentarse una paulatina recuperación económica en los municipios cafetaleros. Habrá, sin embargo, rasgos diferentes en la producción cafetalera de esta etapa. La hacienda cafetalera se criolliza, y se llega a establecer un contraste notable con el azúcar de la costa, dominada por empresas norteamericanas.[21] Así surgirá la noción de que producir café es una actividad tradicional autóctona y símbolo de criollismo. La segunda y la tercera generación de hacendados mallorquines, corsos y catalanes está tomando la dirección de esas haciendas. Ya no se trata de expandir la superficie controlada a costa de los colindantes, sino de salvar la tierra heredada de las sociedades comerciales, y de los nuevos bancos. Las relaciones entre terratenientes, por lo tanto, a pesar de los viejos rencores, se modifican una vez más. Se crea una nueva solidaridad entre grandes, medianos y pequeños terratenientes que, con la misma desconfianza, ven crecer en el pueblo la burocracia municipal e insular. El inglés del papeleo y de las escuelas del pueblo será resentido en el campo, y el orgullo de los empleados federales vendrá a ser objeto de escarnio entre los que recuerdan haber sido grandes.

---

21 José Luis González subraya el contraste entre el mundo de la hacienda cafetalera del siglo 19, dominado por extranjeros, y el del 20, "mitificado como epítome de la 'puertorriqueñidad' ", *El país de cuatro pisos* (Río Piedras: Ediciones Huracán, 1980), p. 23.

En la década que precede a la Primera Guerra Mundial, la hacienda cafetalera, para ser rentable, tendrá que diversificar mucho más su producción. El cultivo que más se generaliza en estas circunstancias es el tabaco, que da ganancias a corto plazo, y tiene demanda en los nuevos centros tabacaleros del interior. En algunos municipios en los cuales se intensifica su procesamiento, eclipsa al café y provee nuevas oportunidades económicas para los pequeños y medianos terratenientes, mediante la utilización de los terrenos de vega. Surge una nueva clase de trabajadores en torno a los centros tabacaleros.

Para la zona cafetalera, la diversificación[22] también supone el mercadeo de guineos, plátanos, chinas, animales y maderas. Se tiende a desarrollar un ciclo de producción agrícola que redondee el año. El maíz, el arroz, las habichuelas, y más tarde otros cultivos como el tomate, harán de la hacienda cafetalera una unidad en continua producción. Modificado en esas circunstancias, el agrego provee un grado de seguridad económica que los sueldos de la zafra costanera no logran opacar.

Tales serían, pues, los rasgos generales de la dinámica social en los municipios cafetaleros entre

---

22 Ya en los 1880 José Ramón Abad abogaba por una diversificación de cultivos en las haciendas cafetaleras que proveyese de trabajo a los peones el año entero y aumentase la rentabilidad de la tierra (José Ramón Abad, *Puerto Rico en la feria exposición de Ponce en 1882*, 2a ed. facsimilar por Emilio Colón (Río Piedras: 1967, p. 225). Según información suministrada por Juan Manuel Delgado, el cultivo del cacao, que fue el fruto alterno propuesto por Abad, de hecho se desarrolló dentro de los cafetales en algunas áreas como Ciales.

1870 y 1914: un rápido pero precario crecimiento económico lleva a un auge sin precedentes, que acaba en la dura crisis del cambio de siglo; una recuperación operada en vísperas de la Primera Guerra Mundial que se verá malograda por el estallido de ésta y el cierre de los mercados europeos tradicionales del grano criollo. Esta perspectiva económica está subyacente en la dinámica social y modifica las respectivas relaciones entre hacendados, comerciantes, pequeños y medianos productores, y peones. Aguarda a los historiadores la tarea de precisar estos rasgos y de identificar con mayor detalle el juego de los respectivos elementos. En este trabajo, sólo se intenta señalar el papel de los pequeños y medianos productores agrícolas de Utuado en ese período, como una muestra de las posibilidades que otros estudios más abarcadores pueden aprovechar de las fuentes existentes.

CAPITULO II. *La pequeña y mediana propiedad en Utuado*

Según Laird Bergad,[1] quien ha contabilizado el Catastro de Fincas Rústicas de Utuado para 1894, el 35.5 por ciento del terreno y el 83.3 por ciento de las unidades de producción estaban constituídos por propiedades de menos de 100 cuerdas. Sólo 14 fincas informaban tener más de 100 cuerdas cultivadas de café para entonces. Estas representaban el 31 por ciento del café utuadeño. Por otro lado, seiscientas cuarenta y siete fincas, producían el 69 por ciento del café en unidades menores de 101 cuerdas; de ellas sólo 18 tenían entre 51 y 100 cuerdas sembradas de café, y el resto, 50 cuerdas o menos.

La apropiación de la tierra

El proceso que lleva a esta distribución y uso de la tierra comienza en el 1739 con la fundación del partido de Utuado, que incluyó a Adjuntas hasta 1815, y a Jayuya hasta 1911. En el territorio utuadeño de los siglos 18 y 19 podemos distinguir varias modalidades en la apropiación del suelo: la fundación de estancias por los primeros vecinos; la con-

---

[1] Agradezco a Laird Bergad el envío de sus cómputos sobre el Catastro de Fincas Rústicas de Utuado (1894) y del Padrón general de fincas rurales, año de 1866 a 67.

cesión de al menos 8 hatos por las autoridades superiores; el asentamiento (a veces inestable) en terrenos baldíos y el lento proceso de titulación de estas posesiones; las concesiones de terrenos realengos por la Junta Superior de Terrenos Baldíos; y las compraventas de estancias, de porciones de hatos divididos, de posesiones no tituladas, y de tierras mercedadas por la Junta.

Los fundadores del partido compran las monterías del sitio del Utuao, que, contrario a la leyenda, no comprenden la superficie total del futuro municipio, sino que constituyen su núcleo central. Las guardarrayas del sitio comprado, según copia de la escritura de venta, así lo demuestran:

> por la parte de poniente, desde el pie de la subida de el salto, cuchilla firme, y de ay hasta topar con las monterías de Yagueca, que juntas corren hasta topar en la sierra atravesada que esta asia la parte del Sur, donde hase guardarraya con monterías de Ponce, cuchilla firme hasta topar con monterías de Jayulla, que están por la parte del norte a topar con las cavezadas del Río de Viví; y de ay, río abajo hasta la boca de la quebrada de Bubao; y de ay a subir el camino de las quebradillas; y de ay a el alto de los Guayabacones, volviendo de dho. alto a topar con el salto de dicho Utuao.[2]

---

2 "Documentos relativos a la fundación de Utuado: Copiados de un Libro manuscrito que se conserva en el Archivo de la Parroquia de Utuado, por el P. Fr. Cayetano de Carrocera, religioso franciscano Cap. Utuado agosto de 1924," pp. 83-85. El original de este expediente parece haberse perdido. Agradezco al doctor Pedro Hernández Paralitici una fotocopia de la transcripción de Carrocera. Francisco Ramos editó en *Bicentenario Utuadeño* (Utuado: 1939) gran parte del expe-

En este territorio se desarrollan un número de estancias, que en 1769 ascienden a 110,[3] la mayor parte de ellas probablemente junto al Bibí, al Río Grande y sus afluentes. ¿Qué era una estancia en el Puerto Rico del siglo 18? El obispo Pedro Martínez Oneca explica en 1760 que "así se nombra aquí un pedazo de tierra con su casa".[4] Como unidad agrícola productiva la estancia variaba en importancia con el grado de acceso al mercado que tuviese su poseedor. El poco ganado que criase, el maíz, el tabaco y los frutos menores que cultivase podían abastecer sus propias necesidades, suplir el mercado legítimo de San Juan, o nutrir el contrabando de la costa sur, según las obligaciones, necesidades, y aspiraciones del estanciero le indujesen a utilizar sus bienes. La crianza de ganado por los estancieros utuadeños para los 1760 parece haber sido escasa. En 1764 le asignan la cuota de 60 cabezas a los vecinos de Utuado para la pesa obligatoria de San Juan, una de las cuotas más bajas de la Isla, pero al año siguiente Juan Maldonado, en representación de dichos vecinos, le pidió al cabildo de San Juan que rebajara la cuota.[5]

diente, pero desgraciadamente la edición se vio plagada de errores de linotipo.

3 Cristina Campos Lacasa, *Notas generales sobre la historia eclesiástica de Puerto Rico en el siglo 18* (Sevilla: 1963), reproducción de un censo de 1769 entre las páginas 24 y 25.

4 "La visita pastoral del obispo don Pedro Martínez de Oneca", *Revista del Instituto de Cultura Puertorriqueña* VIII no. 27 (1965), 48. Ver Juana Gil-Bermejo, *Panorama histórico de la agricultura en Puerto Rico* (Sevilla: 1970), parte tercera, "La posesión de la tierra"; "Informe del Cabildo de San Juan al Rey" (1775), *Boletín histórico de Puerto Rico* I (1914), 262 ss.

5 *Actas del Cabildo de San Juan Bautista de Puerto Rico (1761-*

Al número de estancieros utuadeños del siglo 18 se añadieron los dueños de hato. Aunque para 1769 sólo se informaba un hato, en 1775 hay ocho.[6] Generalmente concedidos para garantizar el abasto de carnes de la capital y de las flotas que se reaprovisionaban en Aguada, los hatos pasaban de generación en generación indivisos, aunque sus poseedores se asentasen en diversos sectores de la tierra patrimonial. La propiedad colectiva acentuaba los lazos de solidaridad entre los descendientes de los condueños, pero resultaban en un uso poco intensivo de la tierra. La obligación de traer cabezas de ganado a San Juan tendía a inhibir el desarrollo de las siembras, y la indivisibilidad desanimaba las compraventas de tierra. Apropiados para una época de escasa población y prioridades militares, los hatos se empezaban a percibir en el siglo 18 como un anacronismo. El cabildo de San Juan, sin embargo, resistía la demolición de los hatos existentes porque quería garantizar el suministro de carne de la capital.[7]

Pese a los conflictos intermitentes entre dueños de hatos y estancieros que constan en las Actas del Cabildo de San Juan [8] y en otros documentos

---

1767) (San Juan: 1954), números 518 y 565.

6 "Estado general de la Ysla de Puerto-Rico... arreglado hasta fin de agosto de 1775", en Gil-Bermejo, *op. cit.*, entre pp. 32 y 33.

7 Aida Caro Costas, *El cabildo o régimen municipal puertorriqueño en el siglo XVIII* (San Juan: 1974), tomo II, pp. 74-75.

8 Por ejemplo, en 1750 los dueños de los hatos Sibuco, Palmarejo, y Loma del Viento quieren obligar a los estancieros de la ribera del Toa a cercar sus posesiones *(Actas del Cabildo de San Juan Bautista de Puerto Rico (1730-1750)* (San Juan: 1949), no. 229.

de la época,[9] las autoridades superiores continuaron otorgando hatos en las décadas medias del siglo 18. Probablemente el primero de los hatos concedidos en Utuado después de la fundación fue el de Jayuya, solicitado en 1760 por Cayetano de Lugo,[10] vecino de Ponce. Para principios del siglo 19 los derechos sobre el hato de Jayuya parecen haber estado en manos de hijos de Rafael y Felipe Rivera Correa, hermanos arecibeños establecidos en Utuado. Uno de los hijos de Rafael, Antonio de Rivera y Quiñones, teniente a guerra de Utuado en 1805-6, tenía pendiente para 1821 una solicitud de cuatro caballerías de terreno en el hato de Jayuya. En 1842 su yerno, Mateo Rojas, vecino de Hatillo, vendió a don José Ramón Larrieu, de Arecibo, dos caballerías y 66-2/3 cuerdas en Jayuya, sitio del río Jauca, que procedían de Antonio de Rivera como condueño del hato de Jayuya.[11]

Por otro lado, en 1824 José Colomer y Comas solicita título por dos caballerías que tiene en el hato de Jayuya por compra que hizo a los herederos de

---

9 La fundación de Añasco, por ejemplo, encaró dilaciones por la oposición de dueños de hatos vecinos. (Agradezco al Dr. Salvador Padilla que me permitiera consultar una fotocopia del expediente de dicha fundación, que él encontró en el Archivo General de Indias). Sobre otros conflictos entre dueños de hatos y estancieros en la documentación sevillana, ver Gil-Bermejo, 241 y ss.; sobre las posiciones asumidas por el cabildo de San Juan, ver Aida Caro, *op. cit.*, 74 y ss.
10 *Actas del Cabildo de San Juan Bautista de Puerto Rico (1751-1760)* (San Juan: 1950), números 320 y 308.
11 AGPR, FGEPR, caja 317, "Año de 1821 Imbentario de los Expedientes que comprenden, la Formación de Pueblos, Construcción de Yglesias, Demolición de Hatos y criaderos, deslinde y reparto de terrenos de esta Ysla; que existían en la extinguida escribanía de Guerra,

su difunta suegra Rosa Cintrón (viuda de Felipe de Rivera). Expone en su petición que desea sembrar y necesita el título "para gozar de las prerogatibas de seguridad que no tienen en el actual concepto de ato por la libre crianza de ganados". La mensura y deslinde se le hace en Coabey.[12] Otras tierras del hato de Jayuya pueden haber sido las que poseía en Coabey y Santa Bárbara Miguel de Rivera Quiñones, hijo de Rafael. Estas tierras se dividieron entre sus herederos, pero una porción sustancial fue reagrupada por compras hechas por su yerno Eusebio Pérez.[13]

Otro fragmento del hato de Jayuya perteneció a José Cruz Matos "como dueño de hato inmemorial". Hacia 1824, traspasó 200 cuerdas en el sitio del río de la Montaña a Juan Bautista Marín, quien le vendió 100 cuerdas a su hijo Severino. Este, a su vez, le vendió sus 100 cuerdas a Leocadio Arroyo en 1829. José Cruz Matos le vendió otras 100 cuerdas del antiguo hato en el sitio del río de la Sama a Toribio Medina.[14]

El segundo de los hatos utuadeños parece haber sido Caonillas, concedido al ponceño Juan Collazo, quien lo conservó hasta su muerte en 1818.[15]

---

y han sido reclamados, y se entregan a la Exma Diputación Provincial", 8 v; Obras Públicas, Propiedad Pública, Utuado, caja 226, expediente 349, 3 r-4 v.

12 *Ibid.*, caja 227, expediente 182, 1 r-3 r.

13 Prot Not Utuado Alfonzo 1865, 159 r-160 r; 1867, 52 r-53 r; 1868, 159 v-161 v; 1869, 88 v y 100 v; 1870, 158 r-v.

14 Prot Not Utuado 1831, 28 r-29 v, 33 v-34 v y 40 r.

15 Ver el expediente de justificación promovido por Juan Isidro Collazo al otorgar venta a Juan de Dios Rivera de parte de su terreno (Prot Not Utuado 1841, 64 r-76 r).

Como se reseña más adelante, sus hijos y nietos vendieron la mayor parte de sus porciones hereditarias antes de 1850, pero sus descendientes permanecieron como pequeños y medianos propietarios en el barrio, que habían abierto a la crianza de ganado y el cultivo de la caña. Todavía se encuentran sus herederos en las cercanías del lago Caonillas.

El hato de Caguana tuvo como uno de sus condueños a Luis Pérez del Río, quien llegó al término del partido de Utuado para 1754 y otorgó en 1767 un reconocimiento de 100 pesos de censo destinados a dotar "la fiesta de Nuestra Señora de la Concepción". La demolición del hato de Caguana permitió a su hijo Manuel Pérez del Río vender gran parte de su patrimonio, que le fue deslindado alrededor del sitio del Capá.[16]

Un criadero[17] utuadeño del siglo 18 fue núcleo del futuro municipio de Adjuntas. Cuatro años después de la fundación de Adjuntas el teniente a guerra Tomás de Torres escribe al gobernador Meléndez:

> El Territorio de que se compone este Partido de mi cargo era nombrado anteriormente el Criadero de las Adjuntas, con cuyo motivo se le puso el mismo nombre quando se formó el Pueblo.

16 Prot Not Utuado 1831, 125 r, 53 r-54 r, 63 r-64 r, 84 v-86 r, 110 r-111 r; Prot Not 1841, 1 r-2 r, 4 r-5 r.

17 En su informe de 1775 el cabildo de San Juan se refiere de esta manera a los criaderos: "En los *criaderos* se fomenta la cría del ganado cerduno, que engorda en los mismos montes con la fruta de los bosques" ("Informe del Cabildo de San Juan al Rey", *loc. cit.*, 263).

Dicho Criadero recayó por herencia paterna en José Maldonado vecino actualmente del Partido de Peñuelas, y este vendió a los vecinos de aquel los terrenos que poseen y usan para estancias, resultando sobrantes de éstos más de veinte o veinte y quatro caballerías en el Circuito de dicho Criadero.[18]

Don Alonso fue un hato reclamado por Pascual Candelaria y otros para 1821. Un sobrino de Pascual, Domingo Candelaria, vendió 300 cuerdas de su porción del hato a Juan Bautista Marín, cuyo hijo Severino las vendió a Calixto Hernández antes de 1839.[19]

El más reciente de los hatos utuadeños, y el último en desmontarse, fue Criminales, alrededor del río del mismo nombre. Perteneció a Pedro Vélez, quien enajenó una caballería a favor de Pedro Bello, del Pepino, y hacia 1821 vendió 5 caballerías (mil cuerdas) a Jacinto Sotomayor y Esteban de la Cruz. Felipe Collazo también adquirió una porción del hato. La viuda de Sotomayor, Monserrate Soto, entregó en 1832 a Esteban de la Cruz las 225 cuerdas que le correspondían a éste, y prometió satisfacer a Félix Villanueva la caballería de terreno que reclamaba en el Hato de Criminales. En los próximos quince años doña Monserrate y sus hijos fueron vendiendo porciones del hato, el cual para mediados de la década del 1840 se con-

18 FGEPR, caja 239, oficio del 7 de septiembre de 1819 de Tomás de Torres, teniente a guerra de Adjuntas, al gobernador Meléndez.
19 *Ibid.*, caja 317, "Año de 1821. Imbentario de los Expedientes..." (ver nota 11), 7 r; Prot Not Utuado 1839, 66 r-67 r.

virtió en el barrio Angeles de Utuado.[20]

La división del hato propició la inmigración de Lares y del Pepino a este sector deshabitado del partido de Utuado. Los vecinos de Angeles estuvieron tentados a pedir la anexión a Lares en los 1840, por ser tan grande la distancia que los separaba de Utuado, y tan propicios a crecidas los ríos que tenían que cruzar en su trayecto.[21]

Otra modalidad en el proceso de apropiación del suelo utuadeño fue el asentamiento espontáneo o con licencia del teniente a guerra en terrenos baldíos. Esta ocupación de la tierra no sólo carecía de formalidad jurídica, sino que tendía a ser inestable, reflejando la sencillez de las técnicas de explotación agrícola. Un joven que deseaba formar una familia, o un padre de familia que quería sustraerse al agrego,[22] con o sin la anuencia del teniente a guerra, buscaba un sitio conveniente, le pegaba fuego a la maleza, hacía un bohío, y en la

---

[20] Prot Not Utuado 1831, 128 v-129 v; 1832, 33 r-34, 41 v-42 r; 1838, 23 r-24 r; 1840, 37 v-38 v; 1845, 34 r-35 r, 41 r-42 r, 106 r-107 r, 108 v-109 v, 112 r-114 v. Ver Obras Públicas, Propiedad Pública, caja 227, expediente 163, 1 r, un resumen de la solicitud de Juan Cuevas, del Pepino, de dos caballerías de terreno en el sitio nombrado Criminales de Utuado "cuyas caballerías dice se ha descubierto posee usurpadas la viuda da. Moncerrate...".

[21] Ver expediente sobre la anexión contemplada en FGEPR, caja 302.

[22] Sobre los agregados ver *Libertad y servidumbre*, 62-65. El estudio del problema de los agregados en la primera mitad del 19 debiera de enriquecerse con más investigaciones de los censos nominales, de los protocolos notariales y de los juicios de conciliación. Esta documentación puede completar y matizar bastante las apreciaciones del problema hechas por observadores como Iñigo Abad y Pedro Irizarry. En especial, hay que resaltar las diferentes implicaciones del agrego en tierras de la costa, donde los dueños buscaban un uso más intensivo

tierra fertilizada por las cenizas sembraba el platanal y las otras verduras consideradas necesarias para su sustento. La caza y la pesca suplementaban la sencilla dieta; acaso una vaca para la leche, media docena de gallinas: el censo nominal de 1828 nos retrata a esos ocupantes seminómadas de la tierra:

padre	Juan de Orte Ernarde	50
	Juana Biruesa	36
yjos	María Ansensión	15
	Juan José	10
	Pedro	9
	Galleta	8
	Bartola	6
	Pulinario	4
	Rafael	2
	Juan de la Rosa	9 meses

platanos una cuerda sin propiedad
cafe un cuadro sin propieda
gallina dos[23]

Si llegaba el caso que la tierra venía a rendir menos, o que cualquier disgusto hiciese aconsejable la mudanza, se buscaba un nuevo pedazo de baldíos tierra adentro y se repetía el procedimiento. Desde la década del 1820, sin embargo, las autoridades

---

a principios del 19, y tierras de la montaña, donde el problema en la primera mitad del 19 es lograr alguna rentabilidad, aunque fuese lo obtenido en aparcerías.
23 FMU 18, Censo nominal 1828, Don Alonso, 33 v-34 r.

municipales indujeron a tales ocupantes del suelo a titular sus posesiones, o al menos a pagar derechos de tierra.[24] Desde mediados de siglo en adelante las concesiones de terrenos baldíos a personas con medios económicos para su desarrollo confligieron con estas ocupaciones previas de la tierra. En algunos casos hubo compensaciones por siembras y fincas, pero por lo general la justicia vino a favorecer los reclamos del concesionario.

Estos conflictos reflejaban una nueva realidad: que la adquisición de tierras baldías dependía en gran medida de la capacidad de hacer expeditos los trámites de titulación en la capital. Para 1819, cuando se constituye la Junta Superior de Terrenos Baldíos, se calcula la cantidad de tierra baldía en el territorio utuadeño en 45 caballerías con 150 cuerdas, es decir, 9,150 cuerdas.[25] Lo cierto es que la cantidad de terreno realengo era mucho mayor. Pero como Utuado estaba relativamente aislado de los principales puertos, y como el afán de solicitar terrenos baldíos entre el 1820 y 1830 se concentró en las vegas propicias para la caña, no fueron muchas las solicitudes de terrenos en Utuado que la Junta recibió en sus primeras dos décadas. Hubo algunos solicitantes acomodados de otros municipios, como José Ramón Larrieu, de Arecibo, que anticiparon las posibilidades de explotación maderera y de eventual cultivo en Utuado.

---

24 Ver, por ejemplo, Obras Públicas, Propiedad Pública, caja 223, expedientes 91 y 95.
25 AGPR, Obras Públicas, Propiedad Pública, Libro de Actas de la Junta Superior de Repartimiento de Terrenos Baldíos, I, 3 v.

Pero la verdadera ráfaga de solicitudes de baldíos se inicia en los 1840. Muchos solicitantes, como el hijo del alcalde José Colomer, José Ramón Colomer Rivera,[26] se afanan por demostrar a la Junta que, aunque están deseosos de dedicarse a la agricultura, son pobres y no tienen terreno propio.

Entre 1840 y 1870 la Junta de Terrenos reparte y otorga título por la inmensa mayoría de los terrenos baldíos en Utuado. Los cientos de expedientes de solicitudes y composiciones utuadeñas de la serie Propiedad Pública del fondo de Obras Públicas en el Archivo General constituyen una medida elocuente de la avidez por obtener tierra baldía en lo que pronto pasaría a ser la principal zona de producción cafetalera del país.

El surgimiento de la economía cafetalera animó en gran medida la compraventa de terreno, última de las modalidades de apropiación del suelo utuadeño aquí consideradas. Aunque hay referencias a compraventas ya en los 1760, no es hasta los 1860 que el ritmo de transacciones devela la briosa comercialización de la tierra. Ya para los 1870 una cuerda no sembrada de terreno en Utuado vale más que una vaca. La relativa valoración de la tierra supuso un menor acceso a ella por los desacomodados utuadeños y por los inmigrantes sin ahorros. Pero a los terratenientes, el incremento relativo en el valor de sus terrenos incultos les facilitó el acceso al crédito necesario para dedicarse a la caficultura. Así, el valor de la tierra reflejó y agudizó las

---

26 AGPR, Obras Públicas, Propiedad Pública, Utuado, caja 232, expediente 421.

diferencias entre los que tenían, y los que no tenían, ·terreno propio.

La transmisión de la tierra

La tierra generalmente pasaba de manos de una generación a otra por medio de las herencias. Por eso, para la historia de la tenencia de la tierra es tan importante conocer más sobre el tamaño de las familias, la incidencia de mortalidad infantil, y la edad en que los jóvenes empezaban a procrear hijos. Mientras la tierra baldía permaneciera abundante y accesible, la subdivisión de la estancia patrimonial no amenazaba las condiciones de vida campesina. Pero según la obtención de baldíos se concentró en el círculo de los que tenían medios para titularlos, se hizo patente la necesidad de evitar la fragmentación de la tierra por múltiples herencias. Se emplearon varias tácticas, consciente o inconscientemente, con este fin.

Una era retrasar o evitar el matrimonio de la mayoría de los herederos potenciales, especialmente de las hijas. Aunque no se han hecho estudios sistemáticos de la demografía utuadeña del siglo 19, las técnicas de reconstrucción de familias permiten observar en un número de familias campesinas la recurrencia del celibato y los matrimonios relativamente tardíos. En una misma descendencia ocurren cambios significativos en las edades en que las mujeres tienen sus primeros hijos. En el siglo 18 las edades oscilan entre los 14 y 19 años. A mediados del 19, sin embargo, las mujeres con frecuencia conciben su primer hijo (que nace vivo) entre los 18 y los 25 años. No es raro, por lo tanto, constatar que las tasas de natalidad aparezcan mucho más bajas en la segunda mitad del 19 que un siglo antes.

En esas familias de mediados del siglo 19 los varones contraían matrimonio más tarde que sus abuelos, fuera por carecer del necesario permiso paterno (imprescindible hasta los 25 años) o por toparse con la renuencia de sus suegros potenciales. Aníbal Díaz Montero, en un cuadro de costumbres utuadeñas, recoge la tradición folclórica sobre el consentimiento del padre de la pretendida: de noche el campesino utuadeño espetaba un palo en el batey de su novia; si a la noche siguiente encontraba el palo re-enterrado a menor distancia del bohío, quería decir que su propuesta era alentada por el jefe de familia.[27]

Además de retrasar o restringir los matrimonios en las generaciones jóvenes, los campesinos utuadeños protegieron la transmisión hereditaria de la tierra recurriendo a los matrimonios consanguíneos. El relativo aislamiento en que vivían los miembros de una misma descendencia reforzaba la inclinación a seleccionar los cónyuges dentro de la parentela. El patrón de matrimonios consaguíneos es particularmente notable entre los descendientes de los dueños de hato que lograron permanecer en sus antiguas tierras, pero es notable tam-

---

27 Aníbal Díaz Montero, *Nico el Pinche: Estampas Jíbaras* (San Juan: 1975), 81 ss.

bién entre los estancieros de Arenas, Guaonico y Paso Palma. El caso más notable que hemos encontrado es el de los González y los Rodríguez de Angeles: casi todos los primos hermanos se casaban entre sí.

En otras familias se intentaba posponer la disgregación de la tierra patrimonial el mayor tiempo posible manteniendo la estancia como unidad fiscal y entidad productiva, en vez de dividirla entre los herederos después de la muerte de uno de los padres. Esto evitaba la tentación de vender o de gravar una porción heredada, y facilitaba las herencias laterales. Pero estos arreglos dependían de una solidaridad familiar que las mismas presiones económicas a veces resquebrajaban. Así, por ejemplo, en abril de 1873, doña Catalina Ramos, viuda de Pedro José Ocasio, le entrega por escritura pública a su hijo José María las 10 cuerdas en Roncador que le corresponden a este por su legítima paterna. Los hijos no habían querido dividir la posesión, pero ella la lleva a cabo "viendo a su hijo José María el más atrasado de todos y con deudas, queriendo que siempre continúe viviendo con la honradez que hasta aquí lo ha hecho y como ella lo ha criado."[28] Ocasio procede entonces a reconocerse deudor por 72 pesos de la sociedad comercial Iglesias, Casalduc y hermano, prometiendo pagar en diciembre la cantidad adeudada en fanegas de café. En este caso la refacción de un miembro de la familia por una sociedad comercial aceleró la

---

28 Prot Not Utuado 1873, 132 r-133 r.

partición.

Una manera de obviar la fragmentación por herencias era la venta, real o ficticia, a uno o varios de los hijos. Esto podía ser un expediente para desheredar al resto, o para compensar los servicios o aportaciones de los beneficiarios por la venta. Pero estos casos eran más bien excepcionales, ya que la manera ordinaria de mejorar un heredero era legándole el remanente del quinto de los bienes gananciales. El quinto estaba al arbitrio del testador, y era usualmente el vehículo apropiado para legar tierra o animales a hijos de crianza, hijos naturales reconocidos, ahijados, parientes pobres, o para manumitir esclavos. Sin embargo, en los testamentos del siglo 19 se recurre con frecuencia a la disposición libre del quinto para mejorar a algunos de los hijos. Muchas veces los beneficiarios eran los hijos menores.

Bien fuera orientando a los hijos a casarse tarde o a permanecer solteros, bien propiciando los matrimonios con parientes cercanos, o aprovechando los recursos legales a su alcance, los terratenientes utuadeños trataron de asegurar la transmisión de la tierra a su descendencia. Pero no siempre consiguieron mantener las porciones adecuadas como para asegurar su futuro.

La pérdida de la tierra

En *Libertad y servidumbre* se ilustró con ejemplos de las genealogías reconstruídas de jornaleros de mediados del 19 la pérdida del acceso a la tierra que supusieron los cambios económicos para muchos utuadeños. En una sociedad predominantemente agraria, dicha pérdida casi siempre significaba que la familia afectada pasaba a depender de los terratenientes. Los utuadeños desacomodados que permanecían en el campo generalmente se convertían en agregados. A veces notarizaban sus acuerdos con los terratenientes por escritura de arrendamiento o aparcería, y otras veces quedaban a merced de un acuerdo verbal e informal. En ambos casos su situación marginal se reflejaba en sus condiciones de trabajo y de vida.

Según proseguía el siglo, la diferencia entre el tener y el no tener tierra propia venía a ser tan determinante que se hace necesario preguntar: ¿cómo es que se perdía la tierra? Aquí, la reconstrucción de experiencias individuales ejemplifica las diferentes maneras como ésto ocurría, pero no ilumina la dinámica del proceso.

En términos generales, el factor precipitante es el cambio económico. La demanda creciente por el café en los mercados internacionales estimula a los utuadeños a tomar los riesgos precisos para aprovechar las oportunidades. Pero la economía cafetalera suponía una racionalidad en las estructuras campesinas de uso de la tierra, y en las relaciones de trabajo y de mercadeo. Y como suele ocurrir, el cambio económico era mucho más rápido que el cambio en mentalidades, y demandaba un desarrollo en la alfabetización de los campesinos, en sus medios de transportación y en su destreza en el manejo del crédito que el lento desenvolvimiento de la sociedad utuadeña no había previsto. Los sistemas de crédito y mercadeo, vinculados con los puertos del Noratlántico a través de las sociedades comerciales de la costa, no estaban en armonía con el tipo de tenencia de tierra, rutinas de cultivo, y de crianza de ganado, determinadas todavía por la tradición.[29] El utuadeño, acostumbrado a contar sólo con compadrazgos y parentescos para hacerle frente a las eventualidades de una economía campesina, ahora tenía que confrontar tasas de interés, plazos fijos y vaivenes en los precios, con el agravante de tener que ofrecer la tierra como garantía de su puntualidad. Así, los comerciantes aceptaban la tierra como pago de obligaciones, cuando toda otra posibilidad de satisfacer las obligaciones se había agotado.

La presión sobre la propiedad campesina, no solamente provenía de las obligaciones crediticias, sino también de los reclamos fiscales. En los 1820 y 1830 los derechos de tierra y las cuotas de subsidio y de gastos públicos tendían a ser pagados por los terratenientes mayores de cada barrio, quienes luego le cobraban a los otros contribuyentes. En décadas posteriores, la tendencia fue cobrarle directamente a los interesados. En ambas etapas, las aparentemente modestas sumas tributables al estado contribuyeron al proceso de endeudamiento

---

29 Sobre esta etapa crítica, ver el trabajo de María Libertad Serrano Méndez, "La clase dominante en San Sebastián, 1836-1853", en *Anales de Investigación Histórica* II no. 2 (1975), 82-138, y el de Pedro San Miguel, "Tierra, trabajadores y propietarios: las haciendas en Vega Baja, 1828-1865", *ibid.*, VI no. 2 (1979), 1-36.

de aquellos campesinos que, por participar sólo intermitentemente en el mercado, carecían de metálico para pagar. Las relaciones de deudores al fisco se volvieron más largas en la década del 1860, y resultaron en el cúmulo de apremios y expropiaciones de 1868, cuando el estado, acuciado por sus necesidades, reactivó vigorosamente los cobros.[30]

Los censos y capellanías, que ya en 1776 Iñigo Abad señalaba como origen de las calamidades de muchos descendientes de condueños de hatos y de estancieros,[31] contribuyeron al endeudamiento acumulativo. Aunque quizás no ascendían a sumas tan grandes como en otras partes de Hispanoamérica, los censos y capellanías propiciaban la formación paulatina de una deuda que la capacidad productiva de la tierra obligada no alcanzaba a colmar. Así, por ejemplo, para pagar los 150 pesos de capital y los réditos decursos de la capellanía que gravaba dicha tierra, Antonio de Soto cede al párroco de Ponce en 1845 su estancia de las Quebra-

---

30 Por ejemplo, en diciembre 12, 1868, se embargan a Simón Mejías dos cuerdas de café y pastos en Caonillas en cobro de 74 escudos 765 milésimos que debe a la Real Hacienda y al fondo municipal, y por recargos. En 16 de diciembre, 1868, se le embargan a la viuda de Andrés Ramos 4 cuerdas de pastos en Caonillas por los 17 escudos 933 milésimos que debe. El 2 de enero, 1869, se le embarga a Miguel Martínez una cuerda en Angeles, sembrada mitad de café y la otra mitad en pastos, por 17 escudos 370 milésimos adeudados (FMU, caja 12, expedientes de apremiación). En los protocolos notariales de los años subsiguientes hay referencias a tierra embargada por deudas fiscales que es rematada por particulares (Por ejemplo, Prot Not Utuado Alfonzo 1869, 180 r).

31 Iñigo Abad, *Viage a la America*, edición facsimilar por Carlos I. Arcaya (Caracas: 1974), 52 r-v.

dillas, en el barrio Sabanagrande de Utuado, que había comprado en 1798. Así también, en 1858, Pedro Soler es demandado por la colecturía de capellanías vacantes por 410 pesos de réditos vencidos de una capellanía de 300 pesos de capital que él había reconocido por escritura de 1824.[32]

Al igual que las obligaciones prestatarias, las deudas fiscales y los censos aceleraron la desposeción de los terratenientes utuadeños. La razón fue precisamente que éstos no dominaban las destrezas, ni desplegaban las actitudes que le hubieran permitido aumentar la productividad de la tierra para así obviar sus pérdidas. Pero los censos, como se observará más adelante, representaban las estructuras financieras y religiosas de la antigua sociedad campesina, mientras que las obligaciones fiscales eran los signos de una mayor intervención del estado en la vida de la comunidad utuadeña. Por otro lado, el endeudamiento perenne con los comer-

---

[32] Prot Not Utuado 1845, 71 v-72 v; FMU, caja 15, legajo 8, "Pueblo de Utuado Año de 1858 Cuaderno de Juicios de Conciliación" (1858-1859), 3 v-4 r. Otro caso es el de los hijos de Angel Padilla, que pierden un terreno en Arenas con casa y siembras de café y plátanos, por un censo de 125 pesos a favor de la parroquia reconocido por su padre (Prot Not Utuado Alfonzo 1863, 120 r). En 1831 Pablo Serrano, al no poder pagar los réditos de una capellanía de 431 pesos a favor del curato de Coamo, pierde la estancia La Sanchiz en el barrio Sabanagrande de Utuado (Prot Not Utuado 1831, 134 v). Su hijo Juan Antonio Serrano fue jornalero (RJ 743). Otros jornaleros descendientes de estancieros que tuvieron tierras con censos fueron Bernardino Centeno (RJ 535), hijo de Manuel, estanciero en Río Abajo y responsable de un censo de 225 pesos a favor del curato de Cabo Rojo; Manuel Antonio Martell (RJ 12) y sus hermanos, nietos de Manuel Martell, estanciero en Arenas y depositario de un censo de 225 pesos; Juan José Vélez (RJ 199) y su hermano, hijos de Hilario Vélez, quien compró una estancia en Arenas gravada en 300 pesos que luego la familia revendió.

ciantes es síntoma de la dependencia en el crédito y el mercadeo, y el precio que paga la montaña por su integración al consumo de artículos importados.[33]

Un sector estable con una membresía cambiante

La siguiente tabla ayuda a analizar las vicisitudes de la pequeña y mediana propiedad utuadeña hacia mediados del siglo 19, y su estabilización en el período subsiguiente. La gran propiedad crece a expensas de la mediana. Hay una notable concentración de extensiones de terreno en manos de unos grandes latifundistas a finales de siglo. Pero para el 1900 era obvio que el proceso de engrandecimiento de los latifundistas a expensas de sus vecinos menores se había detenido. La zona cafetalera no conocería la concentración de la tierra en manos de corporaciones en la medida en que la padeció la costa azucarera.

Tabla 2.1 — La tenencia de tierra en Utuado según las cantidades totales de terrenos poseídos, 1833-1900

Año	-100 cuerdas	100-199 cuerdas	200-399 cuerdas
1833	6389 (14.7%)	11166 (24%)	13388 (28.8%)
1837	8461 (15.3%)	11273.5 (20.4%)	14953 (27.1%)
·1842	8268 (13%)	12497 (19.7%)	16121 (25.4%)
1848	8429 (13.1%)	12547 (19.6%)	15794 (24.6%0
1855	17300 (19.7%)	14371 (16.3%)	16450 (18.7%)
1866	22838(26%)	16698 (19%)	17039 (19.4%)
1900	27678 (27.7%)	17692.5 (17.7%)	22632.5 (22.6%)

33 Ver el capítulo 9 sobre la familia Olivo.

Año	400 cuerdas o más	Total
1833	15044 (32.3%)	46,447
1837	20458 (37%)	55,145.5
1842	26463 (41.8%)	63,349
1848	27212 (42.5%)	63,982
1855	39595 (45.1%)	87,716
1866	31013 (35.4%)	87,588
1900	31840.5 (31.9%)	99,843.5

Fuentes: Padrones de terrenos en el FMU y copia del padrón de 1900 en AGPR, Obras Públicas, Propiedad Pública, Utuado, caja 227.

Una vez que el impacto de la producción cafetalera resulta en el nacimiento de las primeras haciendas, parece que los sectores de la pequeña y la mediana propiedad se hacen económicamente resistentes a los embates de la gran propiedad. Pero la persistencia de la pequeña y la mediana propiedad no refleja, en términos porcentuales su trasiego constante. Los descendientes de las familias que se habían asentado en Utuado antes de 1815, por ventas y ejecuciones hipotecarias, van cediendo sus tierras progresivamente a criollos de la costa y a inmigrantes españoles y extranjeros. El movimiento, que se acelera después de 1865, resulta en la parcial desaparición de los antiguos apellidos utuadeños, como Montalvo, Medina, Morales y Maldonado, de los padrones municipales de terreno.

Es natural la tendencia a pensar que el despojo de los antiguos terratenientes sólo resultó en el engrandecimiento de las haciendas, pero es necesario afinar esa interpretación estudiando la composición de la pequeña y la mediana propiedad en tiempos del auge del café.

CAPITULO III. *El crédito y la refacción*

Un elemento determinante en el desarrollo de la propiedad agraria, especialmente en la caficultura, fue el acceso al financiamiento. El proceso desde la siembra hasta la cosecha de una pieza de café tomaba unos cinco años. Durante ese término de tiempo, había que desyerbar periódicamente el predio sembrado, acondicionar los árboles de sombra, buscar facilidades para lavar y secar el grano, conseguir implementos para descascararlo y pilarlo, separar espacio adecuado para almacenaje y asegurar el acarreo del producto al mercado. Todo esto requería inversión en jornales y en gastos afines.

Por lo tanto, no es extraño, constatar en el Censo Agrícola de 1851 que las siembras de café para mediados del siglo 19 en Utuado —una zona tan aislada y pobre— fueran bastante modestas: un total de 1,491 cuerdas de café en todo el partido de Utuado, que incluía entonces a Jayuya.[1] La mayoría de estas siembras de café estaban desperdigadas en centenares de predios que variaban entre un cuadro y dos cuerdas de extensión, entremezcladas con una gran variedad de otros cultivos:

---

1 AGPR, FMU, caja 10, resúmenes del Censo Agrícola de 1851, "Riqueza del pueblo de Utuado".

JUAN JOSE LIBERTO[2]

5	cuerdas de plátanos	12 palmas de yaguas	1 vaca parida
1-1/2	cuerdas de café	4 palos de naranjos	1 vaca horra
1/4	cuerdas de ñames y malangas	12 palos de chinas	1 becerro de menos de un año
	tabaco	1 palo de limones	1 oveja horra
	caña	8 aguacates	2 puercas
4	cuerdas de pastos	4 guanábanos	
9-1/4	cuerdas de maleza montes	9 matas de piña	

20
―――

Correspondiendo a las realidades prevalecientes, estas siembras de café eran modestas. La producción cafetalera dependía entonces de unidades familiares de trabajo, que no requerían financiamiento intensivo. Fue necesario un cambio substancial en los patrones de refacción para que Utuado se convirtiera en el mayor productor de café puertorriqueño.

Los censos y capellanías

La primera fuente estable de crédito que parece

―――
2 *Ibid.*, "Pueblo de Utuado Barrio de Arenas Año de 1851 Estados nominales de la riqueza Agrícola (sic), Pecuaria y Terrenos que tiene este barrio", 38 r.

haber existido en la historia de Utuado fue el fondo de la fábrica de la iglesia parroquial. Encontramos las más antiguas referencias a este fondo en las partidas del segundo libro de entierros, que mencionan censos impuestos a favor de la fábrica, y en escrituras posteriores de compraventa de terrenos que especifican los gravámenes que pesan sobre las propiedades vendidas. Aunque algunos de los testadores del siglo 18 prefieren beneficiar a sus parroquias de origen, en Arecibo o Ponce, prevalecen los censos y legados a favor de la fábrica local.

Los cien o ciento cincuenta pesos que se legan, por lo general no se pagan de contado al mayordomo de fábrica, sino que gravan alguna parte del fundo familiar, quizás la parte que le toca a alguno de los hijos. En ese caso, el hijo recibe una proporción mayor del terreno, o de los esclavos paternos, a cambio de reconocer la mencionada obligación censitaria. La renta anual de 5 por ciento del capital censual podía equivaler a una o dos vacas (5 o 10 pesos). Esto, añadido a los diezmos, primicias y derechos de tierra podía, cumulativamente, convertirse en una pesada carga. Mientras el capital del censo no fuera redimido —y pocas familias de estancieros estaban en situación de pagar de contado una suma tal— la renta anual implicaba la comercialización de una parte de la crianza, o del cosecho, en algún mercado donde se obtuviera numerario, lo que prácticamente limitaba las opciones a San Juan. El contrabando por alguna caleta de la costa sur resultaba por lo general en la obtención de artículos extranjeros.[3]

Los inventarios existentes de la mayordomía de fábrica en las primeras décadas del siglo 19 muestran que la iglesia parroquial de Utuado estaba pobremente dotada de censos. En 1846 Bartolomé Gómez, informando a la comisión especial para el arreglo del subsidio como representante de Utuado, observa que hay de 8 a 10 mil pesos en capitales censuales en Utuado que pagan anualmente de 400 a 500 pesos.[4] Pero estas sumas deben haber sido más reducidas todavía, pues Gómez seguramente está incluyendo en sus cálculos los censos que se pagan a otras parroquias, ya que el propósito de sus observaciones es descontar estas cantidades al calcular el total de la riqueza computable para el monto del subsidio.

Los censos, por lo tanto, no parecen haber jugado una parte tan importante en la economía local como lo hicieron en jurisdicciones como las de Coamo, Arecibo y Ponce. Podemos observar, sin embargo, cómo la transferencia de un censo a una tierra propia podía ser objeto de competencia en una economía sedienta de capital. Ahí contaba mucho el favor del mayordomo de fábrica, quien era electo por la mayoría de los vecinos. El expediente de transferencia de un censo en 1831 nos puede ilustrar los mecanismos del sistema.

José María Ruíz tenía reconocido en su estancia

---

3 Abad, *Viage a la America*, 60 v-61 r.

4 FGEPR, caja 595, oficio de Bartolomé Gómez del 19 de diciembre, 1846, a los señores de la comisión especial para el arreglo del subsidio, 1 r.

en "el Río de Salto Abajo" (Río Abajo) un capital de 232 pesos a favor de la fábrica de la iglesia parroquial (el fondo de reparaciones y mantenimiento del templo). Al morir Ruíz, Francisco Pérez de la Cruz compró la estancia y se obligó a redimir el capital, es decir, a entregar la suma de 232 pesos, por la cual Ruíz pagaba el cinco por ciento anual. El peninsular Bartolomé Gómez, propietario en Arenas era para ese entonces el mayordomo de fábrica. El 7 de febrero de 1831 hubo dos solicitantes que pidieron que se les entregaran los 232 pesos a cambio de obligarse a pagar el censo anual: José Cruz de Matos, antiguo condueño del hato de Jayuya, y estanciero allí en el sitio de "las Amas" (Zama), y Leocadio Arroyo, también estanciero en Jayuya, en "el sitio de la montaña".

Gómez prefirió a Arroyo porque este ya había recibido parte de la suma. De hecho, según escritura de 1830, Arroyo le debía a Gómez 137 pesos "y reales... pagaderos en el presente mes, y cuya cantidad según está orientado probiene de otra mayor que compone un capital perteneciente a la fábrica material de esta parroquia de la que es mayordomo el indicado Francisco Pérez de la Cruz." La deuda que Arroyo tenía ya era un argumento para la extensión del crédito; de no concedérsele, era probable que no pudiera pagar lo que ya debía sin enajenar su tierra. Uno llega a preguntarse si Gómez transfirió un crédito personal al fondo de censos que él administraba.

Por la operación hipotecaria que sigue es evidente que Arroyo había tomado el dinero prestado para pagar la tierra. Pero las cien cuerdas que había comprado a Severino Marín en 1829, en las cuales hay al momento de la hipoteca seis cuerdas de plátanos, dos de cafetal y una casa de madera cubierta de yaguas, no se consideran como suficiente garantía para el censo. Arroyo se ve precisado a obligar también otras cien cuerdas que había adquirido de Felipe Soto.

Para 1851, el hijo del difunto Leocadio Arroyo, Juan Ramón, a nombre de su madre María de la Encarnación Marín, vende a José Ramón Rosalí las 100 cuerdas del río de la montaña en Jayuya Abajo por 500 pesos. Del precio se deducen 233 pesos del censo reconocido por su padre en 1831.[5]

Las capellanías constituían un recurso similar al de los censos para financiar el desarrollo de las estancias. La diferencia fundamental entre los censos y las capellanías parece haber sido que los primeros se constituían a favor de instituciones eclesiásticas, como la parroquia, o corporaciones eclesiásticas, como el cabildo catedralicio, o algún convento de religiosos. Las capellanías, sin embargo, se establecían a favor de algún sacerdote, usualmente emparentado quien, a cambio de su renta anual, debía decir alguna misa a favor de la intención del donante. Ocasionalmente se instituían capellanías para realzar alguna fiesta de la Virgen o de algún santo.

Es curioso notar el fuerte sentimiento de linaje

---

5 Prot Not Utuado Otros Funcionarios 1831, 34 v-50 v; Prot Not 1851, 94 r-95 v.

que connotan algunas de las fundaciones de capellanías. Así, cuando Ambrosio Natal muere en 1793, instituye una capellanía con las siguientes condiciones:

> Es nuestra voluntad que de nuestros quintos se saquen cien pesos y que se funde una capellanía de (su) principal, pero que su rédito se imbierta en Misas resadas a fabor de nuestra Alma, las de nuestr(os) Padres y demás Animas del Purgatorio... y próximas a salir de él, y que ésta la sirva... el Presbitero Dn Joseph del Olmo... tanto que algún pariente nuestro... pueda ascender a los sagrados órdenes, prefiriendo a nuestro nieto Dn Thomas y Dn Vicente Serrano, si acaso se aplicasen al estado, pues en este caso nombramos a uno de los dos por propio capellán, y no aplicándose ellos, el pariente más cercano pobre, y próximo a ordenarse...
>
> Declaramos que en vida hemos fundado otra capellanía de cien pesos de principal... para que interinariamente la sirva el cura que es o en adelante fuere de esta Parrochia, hasta tanto que halla algún pariente, que pueda gozarla, prefiriendo también a los referidos en la Clausula anterior...[6]

De esta manera las solidaridades familiares se afianzaban, y se proveía una renta que estimulara la continuada presencia de un miembro de la descendencia en el prestigioso estamento clerical.

Como queda dicho en el capítulo anterior, algu-

---

6 Parroquia de San Miguel de Utuado, Libro Segundo de Entierros, folios 1 r-2 r (han sido encuadernados fuera de lugar, y se encuentran después del folio 9 v).

nos estancieros utuadeños y jayuyanos perdieron sus tierras al no poderle hacer frente a los pagos acumulados de censos. Pero en general los efectos de los censos y las capellanías no fueron tan graves en Utuado como, según Iñigo Abad, lo fueron en algunos partidos de la costa. La economía utuadeña del siglo 18 y principios del 19 no había permitido contemplar mayores cargas sobre la tierra patrimonial.

Es notable cómo en las décadas medias y posteriores del siglo 19 los hombres de negocio más pujantes eludieron los gravámenes de los censos y capellanías, bien procurando que se transfirieran sobre otras tierras, o revendiendo las que habían adquirido así gravadas. El crédito apetecido por los estancieros de la primera mitad del siglo era desdeñado por los capitanes del auge cafetalero, que buscaban sobre todo la liquidez de sus bienes.

Además de los esclavos, cuya función como prestamistas fue reseñada en *Libertad y servidumbre*,[7] el cura párroco fue fuente de crédito en la primera mitad del siglo 19. Como principal asalariado del partido, el párroco estaba en la envidiable situación de obtener anualmente una cantidad líquida de numerario, en una zona donde aún el pago de las contribuciones al gobierno superior proveía amplios problemas a las autoridades municipales. Voluntaria o involuntariamente el párroco se veía envuelto en los problemas de escasez de numerario. Los que tuvieran que pagar una multa,

---

7 Páginas 57 y 58 y nota 20.

dotar a una hija que se casaba en otro barrio, pagar un censo atrasado, hacer un viaje a la capital o comprar un esclavo acudían, naturalmente, a quien les podía proveer el dinero más fácilmente.

Si a esto se añadía un talento congénito para hacer negocios y una capacidad instintiva para identificar la mejor tierra —y este era el caso del singular párroco de Utuado, Calixto Vélez Borrero, 26 años pastor de una desparramada grey— no es de extrañar que el párroco se convirtiera en uno de los principales terratenientes y esclavistas del partido. Don Calixto compraba tierras, adquiría esclavos, acaparaba casas en el pueblo, y luego dotaba parientes, coartaba esclavos, y aportaba con largueza al fondo de la fábrica.[8]

Para mediados del siglo 19, sin embargo, los censos, capellanías, ahorros de esclavos y dineros del padre cura estaban lejos de ser suficientes para financiar el desarrollo agrícola de la zona. En la enorme brecha que abría la oportunidad económica, entraron los comerciantes.

El crédito de los comerciantes

La primera referencia que tenemos a un crédito de un comerciante en Utuado es conflictiva:

8 Ver Prot Not Utuado Otros Funcionarios, 1831, 31 v, 32 v-33 v, 70 v-71 r, 76 v-78 r, 107 v, 111 r-112 r, 120 r-v, 121 v-123 r, 133 v-134 v, 135 bis; Prot Not 1832, 5 r-v, 17 r-18 r, 18 r-19 r, 19 r-20 r; 23 v-24 v, 37 v-38 v, 38 v-39 v, 47 r-48 r; Prot Not 1838, 25 v-26 v; Prot Not 1839, 9 r-10 r, 31 r-32 r; Prot Not 1841, 30 v-31 v, 31 v-33 v, 40 r-41 v, 41 v-43 r; Prot Not 1842, 34 r-35 v, 61 r-62 v, 62 v-64 r, 65 r-66 v; Prot Not 1845, 4 v-5 r, 7 v-8 r, 8 r-10 r, 91 r-92 r, 118 r-119 r, 121 r-v, 121 v-122 v; Prot

El Comerciante establecido en este Pueblo Dn José Colome (sic) se ha negado ha recibir cinquenta y seis pesos por cinquenta en que vendió diez quintales de café para el cosecho pasado Dn José Manuel Collaso de este mismo vecindario y este se arregla a lo encargado por VS sobre contratado, manifestándose aquel descontento con tal disposición.

La dicha Cantidad ha quedado en depósito y lo comunico a VS para que me imponga la determinación que sobre el dinero depositado corresponde efectuarce. Dios guarde a VS m(uchos) a(ños). Utuado y Marzo 6 de 1821.[9]

El gobernador Aróstegui contesta esta consulta del alcalde Miguel de Rivera Quiñones de una manera favorable a Collazo. En el borrador de la contestación hay una referencia a "lo determinado sobre contratos en la visita" que hace suponer que en la visita a Utuado de Aróstegui ya se habían planteado problemas sobre la refacción y el crédito. El gobernador aconseja al alcalde que si Colomer no se conforma con el dictamen, se le apliquen las disposiciones sobre usura. Pero añade: "y para esto aconsejese con letrado".

No conocemos la resolución de este caso, pero sí sabemos que en poco tiempo el comerciante aludido, el catalán José Colomer, pasó a conver-

---

Not 1850, 218 r-219 r; 270 v; Prot Not 1851, 40 r-v, 149 v-151 r, 151 r-152 v, 152 v-153 v, 153 v-155 v, 155 r-156 r, 156 v-157 v, 157 v-161 r, 185 v-187 r; Prot Not Alfonzo 1862, 82 r, 245 r-246 v, 284 r-285 v, 297 r-v, 328 r; Prot Not Alfonzo 1865, 72 r; Prot Not Alfonzo, 194 v; Parroquia San Miguel de Utuado, Libro Séptimo de Entierros, partida 2240.

9 FGEPR, caja 595, oficio del alcalde de Utuado al gobernador en 6 de marzo de 1821 y borrador de la contestación del gobernador.

tirse en el principal comerciante, terrateniente y esclavista del pueblo, así como su alcalde de 1838 a 1841.

Los préstamos con interés pagaderos al tiempo de la cosecha de café se multiplicarían. En una sociedad sin bancos, el comerciante era por necesidad prestamista. Tenía que proveer mercancías a crédito a sus clientes. El pago vendría al tiempo de la cosecha; inclusive, la cosecha misma sería el pago. Estaba pues en ambos extremos del esfuerzo productivo: financiaba la roturación de la tierra y mercadeaba el producto cosechado.

Los comerciantes de la costa ya acostumbraban refaccionar a los estancieros cañeros.[10] Pero la refacción del café implicaba una relación de mayor estabilidad que la refacción anual de los dueños de cañaverales. El café tardaba cinco años en entrar en producción, y aunque en ese período el corte de madera y las cosechas de frutos menores ayudaban a llevar el peso de las obligaciones del terrateniente,[11] por lo general sus rendimientos no bastaban para desobligar la propiedad. La refacción de café, por lo tanto, implicaba cierta estabilidad en la relación prestamista-terrateniente, que le permitía al primero disfrutar el mercadeo del café

---

10 Ver Ivette Pérez Vega, "Las sociedades mercantiles en Ponce, 1817-1825", *Anales de Investigación Histórica* VI no. 2 (1979), 58 ss.
11 Por ejemplo, en 1862, para responder a una deuda de 860 pesos 61 centavos y asegurar la refacción hasta el final de la cosecha, Eugenio de Ribera hipoteca "todo el café que recolecte en su estancia de Guaonico en toda la presente cosecha, la madera de cualquiera clase y condición de que labrare en su misma posesión, y una yunta de bueyes" (Prot Not Utuado Alfonzo 1862, 356 r).

cosechado y que le garantizaba al segundo el constante crédito que necesitaba.

La diferencia entre un Buenaventura Roig, quien al morir en 1866 dejó una casa comercial en enormes dificultades, y un Felipe Casalduc, quien sobrellevó sin mayores apuros la crisis del 1867-68, parece haber sido el cariz de sus relaciones con sus clientes-deudores. Roig apremiaba, ejecutaba; Casalduc refinanciaba, y procuraba no tener que ejecutar tierras no liquidables.[12]

Así Casalduc tenía lo que parece la enorme cantidad de 593 clientes en 1870, cuando traspasó sus créditos a la sociedad formada por su yerno Jaime Iglesias y sus hijos Felipe y Francisco.[13] La firma Iglesias, Casalduc y Hermano pudo dominar fácilmente el comercio local, pues contaba con una clientela fija que le garantizaba el manejo de una buena proporción del café cosechado en el municipio. La cantidad de acreencias de Casalduc en 1870, montantes a 36,807 pesos 21 centavos, lejos de ser indicativa de una crisis económica general, es señal de la articulación de la producción cafetalera en el territorio utuadeño.

El crédito servía como aliciente y como acicate para la producción de los pequeños terratenientes. A cambio de los bienes de consumo que cada vez tentaban más en cantidad y variedad a los estan-

---

[12] Carlos Rosado prepara una tesis de maestría sobre los hacendados y los comerciantes utuadeños a mediados del 19, donde entra a considerar las dificultades crediticias que estos y otros comerciantes encararon.

[13] Prot Not Utuado Alfonzo 1870, 120 r-127 v.

cieros, se contraía el compromiso de entregar, al final de la cosecha, una cantidad de café, al precio prevaleciente en el pueblo en ese momento. Si al hacer el balance de cuentas resultaba que el terrateniente restaba a deber alguna suma, esto no alteraba, por lo general, la buena relación establecida. Al comerciante le convenía, porque aseguraba la continuidad de la cuenta, y le convenía al terrateniente, porque le garantizaba la nueva refacción. Si se liquidaba la cuenta, podía surgir la tentación de cambiar de casa; si la deuda resultaba muy alta, el riesgo podía parecer mayor al comerciante, y entonces éste solicitaba una escritura de obligación seguida, a los quince días, o al mes, por una carta de pago cancelando la deuda. El deudor, molesto quizás por el apremio, se ha buscado un nuevo refaccionista, quien liquida la deuda anterior y obtiene el crédito.[14]

Las sociedades comerciales de la costa habían desarrollado importantes fortunas financiando las haciendas de caña.[15] Pero las sociedades co-

14 Por ejemplo, el 22 de enero de 1872 Simón Pierluisi le otorga carta de pago a Manuel Antonio Medina por 45 pesos 4 reales que por escritura de 21 enero 1870 le reconoció deber, y por los intereses legales. Medina le había afectado un predio de 20 cuerdas en Jayuya Abajo. Pero por escritura del mismo día, por la cual Medina vende su predio a Eusebio Pérez, es obvio que Medina ha cambiado de refactor, habiendo recibido ya de Pérez 200 pesos (Prot Not Utuado Otros Funcionarios 1872, 38 r-39 r y 40 r-v).

15 En un informe al ministro de relaciones exteriores de su país, el cónsul de Francia en San Juan en mayo de 1867 achacaba a la oposición de los comerciantes mismos el fracaso de un proyecto de banco auspiciado por el gobernador: "Habituados a sacar inmensos beneficios de su dinero, que prestan a tasas fabulosas de dos y tres por ciento mensual, están lejos de disponerse a cooperar con la creación de un estable-

merciales, y los comerciantes del interior que refaccionan a los caficultores, derivan sus ganancias más del volumen de su clientela que de la importancia de las cuentas individuales. Una razón es que la producción cafetalera requería menos inversión en maquinaria, y mucho más en artículos de consumo diario; otra es que la tierra cafetalera montañosa era mucho menos valiosa que los cañaverales de los llanos, y por lo tanto las obligaciones hipotecarias no podían ser cuantiosas. Mientras el hacendado azucarero de la segunda mitad del siglo 19 se preocupa en obtener mayor cantidad de azúcar de su molienda, el caficultor aspira a extender sus siembras. Así, la refacción del primero va orientada a mejorar el riego y la tecnología del proceso de refinación, mientras que la del segundo sostiene la mano de obra, familiar o remunerada, en el esfuerzo por extender la superficie cultivada.

Esto hace que el fulcro de las relaciones entre prestamista y caficultor sea la tierra misma; la tierra es la prenda perenne de las obligaciones. Su valor representa el límite de los créditos posibles. Su porción cultivada es la parte preferida de las ejecuciones hipotecarias. El control que el refaccionista logra sobre la tierra le da poderes, no sólo sobre la cosecha sino también sobre todas las acti-

---

cimiento de crédito..." (traducción del autor). El cónsul ve como una de las consecuencias de este dominio del crédito, el control que los prestamistas ejercían sobre los precios de la producción agrícola (Universidad de Puerto Rico, Centro de Investigaciones Históricas, micropelícula de *France, Ministre des affaires étrangeres, Archives diplomatiques, Correspondance commerciale, Porto Rico, 1867-1869, tome 7, no. 83, 43 r-45 r*).

vidades económicas del caficultor. En su forma más burda —en la venta con pacto de retroventa, que se practica hasta la década del 1870— el caficultor se convierte, virtualmente, en arrendatario de su propia tierra. Es como un aparcero que tiene un título precario sobre el suelo que cultiva, y que vive en perpetua agonía por cumplir con unos plazos, que podrían resultar académicos ante cualquier capricho climatológico o vaivén de los precios mundiales.

La política de los refactores, sin embargo, no era homogénea. Algunos eran estrictos en el cumplimiento de las condiciones de refacción y aprovechaban cualquier resquicio legal para posesionarse del terreno. Pero los más hábiles comprendieron que no era la propiedad del suelo, sino la posesión de la cosecha anual, lo que constituía la ganancia neta de la refacción. Eran liberales con las prórrogas y los plazos, pero determinaban el precio al cual se les entregaba el café, y mantenían amarrados a sus clientes, año tras año con buenas palabras y consejos.

Prácticamente podríamos hacer el mapa de la refacción de Utuado en la década de los 1870 con los protocolos notariales. Los Casalduc dominaban Caonillas y Vivi. Don Eusebio Pérez controlaba Jayuya Arriba, mientras José Roura y Simón Pierluisi competían con él en Jayuya Abajo. Tomás Jordán se orientaba a Arenas, Caguana, Guaonico y Roncador. Manuel Belén Pérez se concentraba en Paso de Palma. En Angeles y Santa Isabel privaban las casas comerciales de Lares, especialmente Márquez y Cía. Las casas comerciales de Arecibo estaban penetrando todo el municipio, pero todavía preferían los barrios limítrofes como Río Abajo, Caniaco y Limón. Tetuán y Mameyes tenían que aceptar la refacción donde la encontraban, ya que tenían dificultades en el acarreo del grano, y esto hacía poco atractiva la inversión que se arriesgaba en su financiamiento. Sabanagrande, todavía dominado por Manuel María de la Rosa, miraba hacia Arecibo. Los barrios inmediatos al pueblo —Salto Arriba, Salto Abajo, Vivi Abajo— eran eclécticos en su refacción, según convenía a la heterogeneidad de sus cultivos. En todo caso, los comerciantes que habían optado por convertirse en terratenientes, como Felipe Casalduc, tenían allí sus núcleos de propiedades.

Pero no todos los caficultores se refaccionaban con los comerciantes. Algunos preferían hacerlo con sus vecinos hacendados, sujeto a la entrega de la cosecha, o mediante alguna otra condición propicia. Esto les evitaba gastos y molestias de procesamiento, almacenaje y acarreo. Algunos hacendados, como Eusebio Pérez, alcanzaron de esta manera su hegemonía sobre una zona circundante. Estos hacendados-comerciantes (alternan uno y otro rol), asumen un riesgo mayor que los refactores del pueblo, ya que también dependen del éxito de sus propias cosechas además de las ajenas. Sin embargo, acaparan la elaboración del grano, y están situados ventajosamente para su mercadeo.

De tiempo en tiempo algún comerciante sucumbía a la tentación de dedicarse a la agricultura. La trayectoria de Cirilo Cedeño, uno de éstos, es muestra de que en la coyuntura de los buenos tiempos del café el cambio de papeles podía ser lucrativo. Según reseña de Ramón Morel Campos, quien lo entrevistó en 1896, Cedeño, natural de Aguas Buenas, se instaló en el lugar de Saliente, de Jayuya, fundando un pequeño establecimiento comercial "bajo la protección de d. Antonio Trías". Se dedicó "al cambio de frutos del país por salazones, arroz, aguardientes, tabacos, pan y otros víveres de gran aprecio en aquellas apartadas latitudes". El valor total de las provisiones al abrir su tienda era 18 pesos y 56 centavos, según factura que mostró a Morel Campos. No obstante, ese inventario inicial incluía arroz, tasajo, ron, sal, galletas, cigarrillos, tabaco hilado, azúcar, ajos, cebollas y cominos.

Cedeño aprendió a leer ya de adulto. En 1871 invirtió sus ganancias en el comercio, al adquirir 250 cuerdas en Jayuya Arriba. Cuando lo entrevistó Morel Campos, veinticinco años más tarde, tenía 50 cuerdas en plena producción cafetalera, 30 en fincas de porvenir, y el resto en malezas, pastos y montes. La propiedad, llamada "La Providencia", contaba con 12 casitas para agregados, dos almacenes con 22 secadoras sobre raíles, y dos cercados de alambre con pasto artificial de malojillo y yerba de guinea.[16]

16 Ramón Morel Campos, *El porvenir de Utuado* (Ponce: 1896), 89-91.

Géneros de refacción

La refacción más común consistía en abrir una línea de crédito que permitiera al terrateniente proveerse de mercancías durante todo el año, y de numerario para el pago de jornales en la cosecha. Esta cuenta se iba liquidando según el terrateniente iba entregando su cosecha en los almacenes del refactor.

A veces, la refacción empezaba con el financiamiento original para la adquisición del predio de terreno y para la siembra correspondiente. Otras veces el prestamista entraba en algún tipo de arreglo con el agricultor, que le diera al primero una parte definida de la cosecha como ganancia de capital invertido, mientras obligaba al segundo a entregarle su parte de cosecha para la venta.

Los contratos notarizados de refacción, o las escrituras de obligación, podían estipular el pago, a opción del agricultor, sólo en grano, sólo en numerario, o en combinación de ambos. Ocasionalmente se estipulaban otros géneros de pago, por ejemplo, madera, arroz o animales.

A cambio, el agricultor obtenía los llamados "caldos, víveres, efectos y efectivo", expresión que comprendía todo, desde velas, aceite, tocino, arenques, sal, clavos y herramientas, hasta la ropa y los zapatos. El refactor llegó incluso a aceptar los vales y riles que el agricultor dispensaba a sus peones, lo que hacía innecesario el uso del escaso numerario en la finca.

La relación entre refactor y terrateniente, sin

embargo, iba mucho más allá de la mera confianza en la capacidad del segundo para pagar. El prestamista apadrinaba sus hijos, asistía a las bodas familiares, visitaba en las enfermedades, servía de albacea o de contador partidor en los testamentos. La palabra "confianza" que muchas veces expresa un testador terrateniente respecto a su acreedor no es mero cumplido de ocasión. Las relaciones personales contaban mucho para la operación del sistema; los comerciantes, compitiendo por la clientela, lo sabían.

Esa misma confianza y respeto permitía al comerciante tener influencia sobre las opiniones políticas y las actitudes de sus clientes. La ascendencia de Eusebio Pérez en Jayuya, o de Manuel Belén Pérez en Paso de Palma, estriba no tanto en el agarre hipotecario que pudieran en un momento dado ejercer sobre un número de propietarios, como en la influencia personal a que eran acreedores por su mayor educación, su trato afable y calculado, y sus estrechas relaciones de compadrazgo y atención personal. Así, en una entrevista en 1977, don Sixto Negrón recordaba con admiración a don Manuel Belén Pérez, el cacique de Paso de Palma. Cuando Pérez murió, en Semana Santa, su entierro fue uno de los grandes eventos en la historia de las celebraciones religiosas de Utuado.[17]

Esas formas de ascendencia personal de los refactores merecen mejor reflexión y análisis, para tratar de entender por qué pudieron sobrevivir las

---

17 Francisco Ramos, *Viejo rincón utuadeño* (Utuado: 1946), 26.

crisis y traducirse en nuevas formas de hegemonía en generaciones subsiguientes.

CAPITULO IV. *La mano de obra en la pequeña y mediana producción*

Si hay algo que distingue la hacienda del fundo familiar o de la finca de mediana producción, es la naturaleza de la mano de obra que emplea. En principio, la mano de obra por excelencia del fundo familiar es provista por los componentes de la familia nuclear, con el ocasional apoyo de algún pariente o hijo de crianza. Pero esta mano de obra familiar no es algo fijo y constante. Los hijos pueden ser demasiado pequeños para llevar a cabo algunas tareas; más tarde, por matrimonio o emigración, pueden abandonar el techo familiar. Por otro lado, yernos, nietos, ahijados o algunos otros parientes pueden venir a sumarse a la dotación de trabajo familiar por algún tiempo.

La mano de obra familiar, por lo tanto, no es algo estable y regularmente calculable, pero no por eso deja de ser menos efectiva. Es ese recurso precisamente, lo que hace que el pequeño fundo, contra toda expectativa racional, sea rentable. De la misma manera, lo puede sumir en crisis, sin seguir ningún patrón que obedezca a una coyuntura económica identificable.[1]

---

1 Las reflexiones aquí recogidas se ciñen al campesinado utuadeño. Para consideraciones generales sobre este tema, ver Pierre Vilar, "Reflexiones sobre la noción de 'Economía Campesina' ", en Gonzalo Anés y otros, *La economía agraria en la historia de España* (Madrid: 1978), 351-86; Eric Wolf, "Tipos de campesinado latinoamericano:

Características de la mano de obra familiar

Se desprende, por consiguiente, de lo arriba expuesto que la mano de obra del fundo familiar participa de las siguientes características:

1) Generalmente no es pagada en metálico o su equivalente.[2] El miembro de la familia puede recibir regalos ocasionales, o se le puede conceder la posesión de frutos de su trabajo (crianzas, siembras), que no se le contabilizan al asignar las legítimas paterna o materna al fallecimiento de las cabezas de la familia.[3] Pero por lo general no tiene una compensación fija por el trabajo que realiza en el fundo familiar. Naturalmente, el sustento lo tiene asegurado.

2) No se distingue, al utilizar la mano de obra familiar, entre las tareas en siembras u otros me-

---

una discusión preliminar", en *Una tipología del campesinado latinoamericano*, trad. por M. I. Garreta y Guillermo Colombres Casado (Buenos Aires: 1977), 17-60.

2 Ver Wolf, *op. cit.*, 36, sobre la comunidad corporativa campesina: "La familia no lleva un cálculo de costos. Desconoce el valor real de su trabajo. Este no es una mercancía para ella ya que no se vende trabajo dentro de la misma familia". Pero el modelo operante en Utuado en el período estudiado sería más bien el de comunidad campesina abierta (*ibid.*, 40-54).

3 Así, por ejemplo, en su testamento de 1850 Juan Guzmán y Agustina Montalvo declaran que le entregaron a cada hijo e hija al casarse un potro o una vaca valorada en 16 pesos. También le reconocen a cada hijo los sembrados que ha hecho en la estancia familiar de Salto Arriba (Prot Not Utuado Otros Funcionarios 1850, 150 v-152 r). De la misma manera Francisco Román, en su testamento de 1863, declara haberle entregado un caballo a cada uno de sus hijos Ocasio y Pedro, valorado en 25 pesos. Instruye que no se le imputen en sus legítimas, sino que se consideren como deudas a favor de la sucesión (Prot Not Alfonzo 1863, 139 r-140 v). Ver también el testamento de Juan Mas (prot Not 1872, 349, r-352 v).

nesteres que están orientados a producir bienes para el mercado, y aquellas que están destinadas a garantizar el sustento de la familia. Así, por ejemplo, se emplea una niña lo mismo en recoger leña para cocinar, que en buscar agua, que en cosechar el grano, cuidar las aves, o desyerbar la tala.[4]

3) Se utiliza en forma individual. A medida que los hijos crecen, pueden concentrar sus esfuerzos en una porción del terreno, o en alguna crianza. La familia no necesariamente trabaja junta ni en un mismo proyecto.

4) No es constante. Se interrumpen los trabajos con facilidad; se cambia de una tarea a otra. Los miembros pueden abandonar por temporadas la finca familiar para dedicarse a otras tareas, participando de la zafra o de la cosecha de algún gran terrateniente, o de obras de construcción, corte de madera, acarreo, etc. Por otro lado, la estructura de la familia se va modificando de año en año debido a matrimonios, muertes, nacimientos y migraciones. Por estas razones puede que a la larga no haya un número constante de brazos aplicados a desarrollar el fundo, o puede que haya años en que el terreno, por completo descuido, revierta a malezas.

5) Su rentabilidad no es calculable de una manera fija. Si la mano de obra que se emplea en el

---

[4] En una entrevista grabada en el Centro de Personas Mayores de Utuado el 20 de julio de 1977 la centenaria doña Catalina González Maldonado describe las tareas arriba mencionadas entre otras que llevaba a cabo en la finca de su familia en Arenas antes de cumplir los siete años.

fundo familiar fuera asalariada, existe la posibilidad de que la rentabilidad del mismo resultara negativa. Pero es precisamente la característica de no contabilizar sistemáticamente las tareas contribuídas lo que permite que el miembro de la familia subsidie la permanencia del fundo.[5] La empresa familiar es rentable mientras el nivel del subsidio así contribuído por sus miembros no exceda las nuevas cargas fiscales, financieras o aleatorias que el fundo sobrelleva. Por otra parte, el terreno puede absorber un crecimiento continuo de sus habitantes, ya que por lo general los brazos adicionales significan un uso más intensivo de la tierra. La naturaleza misma de la explotación familiar permite integrar estos incrementos.

6) Proveer mano de obra en el fundo familiar puede propiciar la movilidad positiva de una persona. El adiestramiento en el trabajo, la trasmisión de prácticas familiares de labranza, la responsabilidad por mantener una familia, o preservar el terreno heredado, pueden capacitar a un campesino para desarrollar los créditos necesarios para obtener un terreno adicional por compra. O puede permitirle desenvolverse en la práctica de

---

[5] Wolf, hablando sobre la familia campesina en la comunidad corporativa, afirma: "Ella actúa como una unidad de consumo y puede restringirse como unidad. Por todo esto la familia es la unidad ideal para la restricción del consumo y el incremento del trabajo impago" (*loc. cit.*, 36). La comunidad abierta descrita por Wolf, que se acerca más a la situación utuadeña de fines del 19, también tiene este mecanismo: "Como en la comunidad campesina corporativa, la unidad dentro de la cual el consumo puede ser mejor restringido al mismo tiempo que se mejora el rendimiento, es también la *familia nuclear*" (*ibid.*, 49).

alguna artesanía u oficio (carpintero, aserrador, pilador de café) que le brinde alguna oportunidad económica ulterior. También la condición social de terrateniente le da mayores oportunidades matrimoniales que a los peones.

Modalidades alternas

Muchos campesinos utuadeños van asignando porciones del terreno familiar a sus hijos mayores según estos van estableciendo familias propias. La expectativa es que a la muerte de los padres estas porciones constituyan el núcleo de la legítima a heredarse. En esta forma, los hijos mayores se convierten en agregados en las tierras de sus padres. Pero, a diferencia de los agregados convencionales, pueden con frecuencia hacer siembras permanentes, como cafetales, cuya posesión les queda garantizada,[6] aún cuando la tierra patrimonial se traspase o hipoteque. Este agrego familiar puede proveerle al jefe de familia una mano de obra necesaria en tiempo de cosecha, o en alguna necesidad de uso intensivo, (desmonte, construcción, pilación). Sirve también como garantía de que, en su vejez, tendrá la compañía y el apoyo de

---

6 Así en su testamento Jacinto Torres Montero declara que sus hijos tienen algún café y casas en la estancia, que no deben ser traídas a inventario, y en lo posible las áreas en que están radicadas deben adjudicárseles (Prot Not Alfonzo 1865, 1 r-2 v). Así también Juan Más le lega a su entenada Ramona Colón 8 cuerdas en el lugar del alto de la Palma donde tiene fincas de café y plátanos, respetándose las fincas de café que su esposo Juan Felipe Vélez tenga plantadas en otros terrenos de la propiedad, que son de su pertenencia (Prot Not 1872, 350 v-351 r).

sus hijos.

Por lo general son los hijos mayores los que participan de este arreglo, aunque también en testamentos, o en escrituras de hipoteca o compraventa, se encuentran casos de yernos, ahijados o hijos de crianza.

Otra modalidad utilizada, que retiene a los hijos mayores en la tierra patrimonial, es el arrendamiento. Los numerosos casos de terratenientes que arriendan terreno a sus parientes, que se dan en 1850 y 1851, corresponden al apremio para cumplir con la circular sobre jornaleros del gobernador Pezuela, y no necesariamente reflejan un uso más intensivo de la tierra.[7] En general, después de la vigencia plena de la circular de Pezuela que coincide con su gobernación, los arrendamientos familiares no se notarizan, pero se encuentran referencias ocasionales a ellos en testamentos u otros documentos. Pueden reflejar un esfuerzo por hacer más racional el uso de la tierra, o simplemente el deseo de evitar equívocos en transacciones fami-

---

7 Ver *Libertad y servidumbre*, 84-85. El arrendamiento entre parientes, sin embargo, no quiere necesariamente decir que la tierra no se utiliza productivamente. En 1851, por ejemplo, Gregorio Negrón da en arrendamiento a su yerno Ramón Martínez 20 cuerdas en Caonillas por 6 años a 12 pesos anuales (Prot Not 1851, 15 v). Por el Censo Agrícola de 1851 podemos ver qué hace Ramón Martínez en el terreno arrendado a su suegro. Hay una cuerda de plátanos, media de café, un cuadro de algodón, una cuerda de maíz, media de batatas, media de ñames y malangas, un cuadro de tabaco, y un cuadro de caña. Tiene 18 palmas de yaguas, 10 naranjos, 12 palos de chinas y 3 de limones, 50 de aguacates, 3 guanábanos, 20 matas de piña, una vaca horra (con Teresa de Jesús), 2 puercos y 10 lechones (FMU, caja 6, "Pueblo de Utuado. Barrio de Caunillas. Año de 1851. Estados nominales de la riqueza Agrícola, Pecuaria, y terrenos que tiene este barrio...", 79 r).

liares, o garantizarle el acceso a la tierra a un familiar en momentos en que la estancia puede llegar a ser hipotecada o enajenada.

Un arreglo similar es el de las aparcerías, que estipulan una parte de la cosecha o de la crianza, en lugar de un canon contabilizable por numerario, como la parte retribuible al dueño del terreno.[8] Este arreglo, como en el caso de los arrendamientos, puede reflejar necesidades particulares que no necesariamente contemplan la intención de darle un uso más intensivo a la tierra.

La mano de obra suplementaria

La propia fluctuación en la composición de la mano de obra familiar, y el mayor o más diversificado interés que un campesino pudiera tener en el desarrollo de sus terrenos heredados, o adquiridos por concesión del superior gobierno, o por compra, inducían al uso de mano de obra suplementaria. Los documentos indican una variedad de experiencias, desde estancias que usan mozos de labor (peones asalariados), hasta unidades donde las prácticas de agrego, arrendamiento o aparcería son más corrientes. Sin embargo, la naturaleza misma de la empresa familiar, impide un arreglo laboral que imite al de la hacienda en todas sus particularidades. La utilización de la mano de obra suplementaria en el fundo familiar puede carac-

---

[8] Ver, como ejemplos, Prot Not Alfonzo 1870, 200 r-v, 202 r, 207 v, 214, v-215 r.

terizarse por una mayor flexibilidad en los términos de ajuste, una tendencia a absorber al operario dentro del círculo de relaciones familiares, y un mayor conservadurismo en las tareas agrícolas a realizarse.

Los proveedores de esta mano de obra pueden llegar a vivir en el terreno por un sinnúmero de razones. Muchas veces la iniciativa parte del mismo trabajador, quien solicita el agrego o el ajuste para solucionar alguna necesidad. La racionalidad de emplear ese tipo de mano de obra es menos evidente que en el caso de la propiedad, y su rentabilidad puede ser menos patente.

Un terrateniente, pequeño o mediano, que decida intensificar su cultivo de café puede acudir a reclutar mano de obra suplementaria. Sin embargo, el pequeño terrateniente por lo general no puede competir con el hacendado para contratar su mano de obra en temporadas de cosecha, y puede inclusive perder la que tiene, ante ofertas más ventajosas del gran propietario.

Retención de la mano de obra familiar

La necesidad de producir más que impone la naturaleza misma del fundo familiar induce a retener la mano de obra mediante variados mecanismos. Uno de ellos consiste en tratar de retrasar la fecha de matrimonio de los hijos. La reconstrucción genealógica de las familias permite observar que, por lo general, los hijos de pequeños propietarios se casan a edades más avanzadas que los hijos de los grandes propietarios. Esto no implica, naturalmente, que no hayan formado familia antes de la fecha en que legitiman sus uniones. El matrimonio eclesiástico, sin embargo, le confiere al hijo independencia jurídica respecto al padre de la familia, y le permite mudar su domicilio.

Como el matrimonio supone gastos, máxime si se trata de un matrimonio con una pariente, y como a la mano de obra familiar no se le asigna retribución fija en dinero, el jefe de familia está en posición de ejercer control sobre el casamiento de sus vástagos. Este poder puede traducirse en oposición a algún enlace que no se juzgue conveniente para la situación de la familia,[9] o puede manifestarse en renuncia a permitir la radicación de una residencia independiente en el mismo terreno.

---

9 Ver, por ejemplo, la oposición que en 1860 el estanciero Manuel Marín y su esposa María del Carmen Irizarry ofrecen al matrimonio de su hija Estebanía con el jornalero Hermenegildo Román. El alcalde entonces reporta al gobernador: "El único obise que se le pone a mi ver es el de ser pobre". Estebanía estaba tan decidida al matrimonio "que en una noche se marchó de la casa de sus padres y presentó al Comisario". El comandante del cuartel, en la consulta que se le hizo, manifestó su acuerdo con la oposición de los padres: "siendo D. Manuel Marín un hombre propietario honrado y laborioso, es mi humilde sentir... que es muy justa la negativa, pues se desprende que un hombre de las cualidades de Marín, no puede poner con impasión la hija en manos de otro, a quien tampoco favorecen los antecedentes de su conducta en aquel Barrio". El alcalde, a solicitud del gobernador, se entrevista con Manuel Marín, quien expone que ha conocido a Román poco tiempo, y que éste no tiene "con que sostener su hija por ser un pobre y ocuparse en tocar en todos los bayles el violín, siéndole sensible dar su hija a esta persona..." Pero como el alcalde y el párroco dan su opinión favorable, el gobernador accede a suplir la licencia paterna (FGEPR, caja 145, Matrimonios), "D. Hermenegildo Román pide licencia para casarse con Da. Estebanía Marín"). Los expedientes de esta serie en el FGEPR servirían para un rico estudio en mentalidades.

Otra manera de desalentar la disgregación de la mano de obra familiar es proveyendo alicientes para retener a los miembros de la familia. Por ejemplo, mediante concesiones de animales o aparcerías en las crías, o por el señalamiento de una porción del terreno como objeto de partición hereditaria futura. En caso extremo, el padre en edad avanzada podía recurrir a las autoridades locales, aduciendo que el hijo ausente lo había dejado desprovisto de auxilio y apoyo.[10] Este recurso se vió vigorizado por la circular de Pezuela, la que contempla el trabajo en el fundo familiar como una alternativa al ajuste obligatorio de los sin tierra. En Utuado algunos de los agregados en terrenos de grandes propietarios regresaron entonces a las tierras paternas.[11]

---

10 Es interesante notar, sin embargo, que en tiempos de Pezuela las autoridades municipales se vuelven críticas de la capacidad de algunos padres de hacer trabajar a sus hijos. Así, por ejemplo, en mayo de 1850 la Junta de Vagos y Amancebados de Utuado encuentra que el padre de Leandro Martínez "lo aplica poco por lo que se le ordenó al Comisario lo presentase en la primera amonestación de vagos" (RJ no. 349). Así también el primero de julio de 1851 el comisario de barrio de Roncador presenta a la Junta de Vagos a Manuel, José Manuel, Celedonio, y Esteban Arza, informando que debido a que su padre es hombre valetudinario mayor de 60 años e incapaz de corregirlos, no se ocupan en los trabajos "y sólo se ejercitan en la ociosidad y vagancia" (FMU, caja 8, Actas de la Junta de Vagos y Amancebados, 1850-51, 50 v).

11 Constan, por el Registro de Jornaleros de 1849-50. los casos de Juan María de Rivera, José María Rivera, Andrés Cortés, Martín de Torres, Raimundo de Santiago, José María Díaz, Juan Isidro Rivera, Pedro Yambó, Ignacio Collazo, Roberto Torres, Lorenzo de Rivera, José Manuel Colón, Juan Medina, Cayetano Andújar, Fernando Andújar, Mariano Rivera, José Ramón Maldonado, Marcos Alvarez, José María Martell, Francisco Chanza y Ramón Torres (Ver RJ números 2, 129, 179, 273, 320, 335, 380, 405, 407, 422, 432, 435, 445, 547, 548, 570, 579, 674, 690, 712 y 744). Algunos de ellos aparecen en las Actas de la

Los cánones de conducta generalmente aceptados reforzaban la posición del padre labrador que retenía a sus hijos en el predio propio. Ocasionalmente se percibían muestras de descontento con tales normas de conducta, pero en general el respeto y afecto al jefe de la familia prevalecía y afianzaba las solidaridades familiares.

Junta de Vagos de 1850 como denunciados por los comisarios de barrio por no haberse contratado. Las denuncias pueden haber motivado su regreso a las estancias de sus padres. Hay también algunos casos de jornaleros que se van a vivir a las tierras de sus suegros (RJ números 219, 223, 224, 302), pero al menos uno (RJ 756) lo hace como mozo de labor.

CAPITULO V. *La producción para el mercado internacional*

Dos circunstancias alteraron notablemente la pequeña propiedad familiar utuadeña en el siglo 19: la disminución progresiva en la cantidad de tierras baldías del estado que eran potencialmente asequibles para los campesinos locales, y el desarrollo general de los cultivos de café.

Para 1830, todavía quedaban en la zona utuadeña vastas cantidades de terreno sin titular. Sin embargo, para 1865, prácticamente toda la tierra virgen cultivable se había repartido entre cientos de solicitantes, tanto locales como foráneos. El fin del acceso a la tierra baldía significó que en adelante los jóvenes utuadeños no podrían formar su propia familia, abandonando el terreno paterno, con la misma facilidad que lo había podido hacer en épocas anteriores. Naturalmente, esta realidad se reflejó en el retraso de la edad matrimonial, y en una mayor dependencia en la autoridad paterna. La alternativa era colocarse con algún terrateniente, con las posibles implicaciones de pérdida de rango social que ésto pudiera significar.

Esa disminución y eventual cese en el otorgamiento de baldíos hizo posible finalmente que quedara a disposición de los grandes propietarios interesados en desarrollar sus tierras un mercado limitado de mano de obra. Esta disponibilidad de mano de obra, reforzada por las circulares sobre jornaleros del gobierno central, coincidía con una atractiva coyuntura en los mercados internacionales. Se daba la situación que mientras la demanda por el café iba en aumento, menguaba la capacidad de Brasil, Java y Cuba para proveer el grano.[1] Las sociedades comerciales de la costa, desalentadas por la crisis concurrente del azúcar, financiaron las siembras cafetaleras de la montaña[2] con mayor avidez que en las décadas previas.

El respaldo del crédito y los mejores precios en el mercado estimularon a buen número de pequeños y medianos propietarios a intensificar sus siembras de café, integrándose así a una economía de mercado.[3] Las antiguas familias campesinas empezaron a añadir cuerdas de porvenir a la cuerdita de cafetal que acostumbraban tener desde principios de siglo.

Las siembras pasaron a ser sólo un aspecto del

---

[1] Ver Stanley J. Stein, *Vassouras: A Brazilian Coffee County, 1850-1890* (3a. impresión; New York: 1976); Clifford Geertz, *Agricultural Involution: The Process of Ecological Change in Indonesia* (Berkeley: 1966); Ciro Flamarion Santana Cardoso, "La formación de hacienda cafetalera costarricense", en *Haciendas, latifundios y plantaciones en América Latina*, ed. E. Florescano (México: 1975), 635-67; David J. McCreery, "Coffee and Class: The Structure of Development in Liberal Guatemala", *Hispanic American Historical Review* LVI (1976), 438-60; Charles W. Bergquist, *Coffee and Conflict in Colombia, 1886-1910* (Durham, N.C.: 1979); Laird W. Bergad, *Puerto Rico, Puerto Pobre; Coffee and the Growth of Agrarian Capitalism in Nineteenth Century Puerto Rico* (tesis doctoral, University of Pittsburgh, 1980).

[2] Ver Bergad, *Puerto Rico, Puerto Pobre*, 287-91; Astrid Cubano, *Comercio y hegemonía social: Los comerciantes de Arecibo, 1857-1887* (tesis de maestría en historia, Universidad de Puerto Rico, 1979, 8-10).

[3] Bergad, *Puerto Rico, Puerto Pobre*, 288.

renaciente interés de los agricultores en el café. Según la comercialización del grano fue exigiendo mayor calidad y uniformidad en las entregas que se hacían a los refactores, la máquina de descascarado vino a formar parte indispensable de los haberes de los terratenientes. Desde los 1860, las menciones de dichas máquinas empiezan a ser comunes en los protocolos utuadeños. A continuación ofrecemos una relación de las referencias a máquinas de descascarar café en las transacciones en que participa Felipe Casalduc, el principal comerciante utuadeño (o las compañías en las que él es socio principal). Los datos son tomados de los protocolos notariales utuadeños que son consultables, hasta 1870 (excluyendo el de 1866). (Ver Tabla 5.1).

La prioridad que se le asigna a la máquina en las escrituras de obligación e hipotecas refleja su importancia. Inclusive, ocasionalmente se le asigna un precio aparte en las compraventas de estancias. El tener máquina de descascarar café suponía una gran diferencia en el precio que se podía obtener por el grano. El café uva, es decir, el grano entero, según se recogía, sin procesar, valía mucho menos que el café pergamino, es decir, el café descascarado y pilado, a punto de embarque. Así, por ejemplo, en un contrato de 1862 Tomás Jordán se compromete a refaccionar a Eugenio Ribera hasta en 50 pesos mensuales en efectivo o mercancías. Jordán se obliga, además, a realizarle en Arecibo los frutos que Ribera recolecte, deduciéndole del total del importe resultante "los gastos de conducción y otros

Tabla 5.1 — Referencias a máquinas de descascarar café en transacciones notarizadas de Felipe Casalduc hasta 1870

Año	Co-otorgante	Barrio en que radica la propiedad	Equipo utilizado
1851	Calixto Vélez Borrero	Sabanagrande	máquina
1856	Manuel Jiménez	Santa Isabel	maquinaria
1859	José María Méndez	Sabanagrande	maquinaria
1864	Juan Prat, de Ponce	Saltillo, de Adjuntas	máquina de descascarar café montada en ruedas algo deterioradas
1864	Toribio Pérez de la Cruz	Santa Isabel	máquinas de descascarar café
1865	José Serrano	Sabanagrande	maquinaria
1867	Cayetano Montero	Viví Arriba	máquina
1867	Magdalena Gutiérrez	Viví Abajo	máquina
1867	Romualdo Rodríguez	Viví Abajo	máquina de descascarar café
1867	Miguel de Rivera	Viví Arriba	máquinas de descascarar café
1868	Antonio Villanueva	Guaonico	máquina
1869	Cayetano Montero	Viví Arriba	máquina de descascarar café
1869	José Valentín Villanueva	Paso Palma	máquina de descascarar café
1869	José Serrano	Sabanagrande	maquinaria

Fuente: Protocolos notariales de Utuado.

indispensables como el de descascaración".[4]

La práctica de procesar el grano en el mismo fundo en que se producía supuso una etapa más avanzada en la integración del productor cafetalero al engranaje del sistema de mercadeo. Exigía además, una mayor inversión de recursos y esfuerzos y más atención a los requisitos del cliente internacional. Por ejemplo, para la década del 1880 el afán en lustrar el grano llegó a alarmar a José Ramón Abad:

> Los procedimientos industriales que se emplean en descerezar, secar, descortezar, escoger y abrillantar este grano entran por mucho en el valor que obtiene en el mercado. En este sentido se han hecho verdaderos adelantos en los últimos años, si bien se ha abusado bastante de la coloración artificial y esto puede redundar en descrédito de nuestro café...[5]

Eventualmente se llegaría a la clasificación de granos (caracolillo, etc.) y a la distinción entre cafés de primera, segunda y tercera clase. Así, a pesar de haber surgido como un participante casual en la comercialización del grano, el pequeño productor llega a verse envuelto en todas las sutilezas de la profesión cafetalera.

Pero muchos terratenientes, bien por falta de recursos, brazos o conocimientos, se ven precisados a vender su café uva a un hacendado vecino o a su

---

4 Prot Not Utuado Alfonso 1862, 277 v-278 v.
5 Abad, *Puerto Rico en la feria exposición de Ponce*, 224.

refactor. Esto implica mayor gasto en el acarreo, pues el café uva tiene un volumen mayor, y menos ganancia en la venta. Es posible que la razón de más peso para motivar este género de transacción haya sido la falta de agua en cantidad suficiente para efectuar el lavado requerido a fin de remover la baba del grano. La abundancia de quebradas, especialmente aquellas cuyos manantiales estaban en la propiedad, hacía posible realizar todas las etapas del proceso, sin depender de las facilidades de un vecino.[6] Significó, inclusive, el poder mover con agua las tahonas de las haciendas. Este es el caso en Santa Bárbara,[7] signo portentoso de que el acceso desigual a los recursos y al financiamiento realzaría el dominio que ejercerían unos pocos sobre las tareas de elaboración del grano.

El acarreo y el almacenaje

La decisión de muchos pequeños propietarios entre vender su grano pergamino directamente a los almacenistas, o traspasarlo en venta a un ha-

---

6 Ramón Morel Campos, en *El porvenir de Utuado*, puntualiza el número de quebradas en cada finca que reseña. Las solicitudes para canalizar agua de Utuado y otros municipios cafetaleros se encuentran en AGPR, Obras Públicas, Aguas, permisos de uso.
7 Morel Campos así reseña la hacienda Santa Bárbara de Eusebio Pérez en Jayuya Arriba: "en su propio centro está instalada la tahona de gran velocidad que se mueve por fuerza hidráulica de mucha potencia por la elevación de aguas guiadas por turbinas de gran calibre. El mecanismo de su maquinaria es moderno, teniendo los aparatos más perfeccionados que se disponen para descascarar, limpiar, secar y lustrar el café''. (*El porvenir*, 79-80; ver la descripción de Gripiñas en 81-82, y de la hacienda Luisa de Manuel Belén Pérez en 200-201).

cendado vecino, o a un comerciante que se encargara de transportarlo a Utuado dependía de las posibilidades de acceso a las vías públicas y de si contaban o no con animales de acarreo.[8] Los comerciantes, a su vez, dominaban el acarreo desde Utuado y Jayuya hasta Arecibo y Ponce. Esto significaba que los caficultores tenían que sacrificar una parte del precio obtenible en los mercados de la costa por no tener a su disposición las recuas de mulas.

Otra ventaja que tenían los grandes hacendados eran las casas de almacén en el pueblo o en las haciendas. Por ejemplo, la Santa Bárbara, de Eusebio Pérez, podía guardar hasta tres mil quintales.[9] Muy pocas de las estancias disponían de locales suficientes para almacenar el grano. Más bien lo iban entregando según lo tenían listo. Por esta razón, no podían especular con las subidas de precios en los mercados internacionales. Alguna baja notable en la cosecha de los grandes países caficultores podía hacer subir drásticamente el precio en el Atlántico Norte, pero sólo aquellos comerciantes y hacendados con acceso a almacenes (y con suscripciones a periódicos que les informaban de estas eventualidades) podían beneficiarse de esas circunstancias fortuitas.

Si por necesidades de su refacción el caficultor

---

8 Ver los comentarios de Abad sobre el efecto negativo en la agricultura de las malas comunicaciones. Observa que "para ir de un extremo a otro de la Isla se necesita gastar tanto como para ir de cualquier puerto de la Isla a Nueva-York" (p. 24).

9 Morel Campos, 79-80.

se había comprometido a vender su grano a un precio determinado de antemano, o si estaba obligado a pagar sus deudas en café "y no en otra cosa ni especie", las alzas de precios beneficiaban exclusivamente a su comprador. Muchas veces las escrituras de obligación fijaban el precio vigente "en esta plaza" en los quince días posteriores al fin de la cosecha como el precio a que se cotizaría el café entregado.

En todo caso, los caficultores no contaban con ningún mecanismo para intervenir en la fijación del precio del grano. Por un lado, el precio internacional no dependía de las peripecias de las cosechas locales; por el otro, los comerciantes no interesaban competir entre sí para adquirir grano de otros cultivadores que no fueran sus clientes de refacción.

Así, a lo largo de todas las etapas de la preparación del grano para la exportación, el acceso de los pequeños y medianos productores cafetaleros a los mecanismos de procesamiento y mercadeo era desigual. Esta circunstancia, y no la extensión de sus tierras, era lo que reducía las posibilidades de ganancia de los pequeños productores. En situaciones adversas, los sumía en la dependencia respecto a sus refaccionistas.

Lo que permitió que los pequeños y medianos cultivadores escaparan de la hegemonía total de sus refaccionistas, fue la capacidad de las fincas cafetaleras de producir concurrentemente otros frutos, tanto de subsistencia como de mercadeo local. Estos servían para el autoconsumo, o como fuente de ingreso complementario. Como criador de animales o cultivador de arroz, frutas cítricas, guineos y otras verduras el caficultor podía reducir los riesgos que le pudiera plantear una mala cosecha de café. A su vez, esta circunstancia le dio al pequeño y al mediano agricultor utuadeño de fines del siglo 19 mayor flexibilidad que a los hacendados frente a las alzas y bajas del café. Asimismo, en una época en que se estaban descuidando los cultivos de refacción, le otorgó una fuente atractiva de ganancias en el mercado local.

PARTE II

LAS EXPERIENCIAS CONCRETAS DE FAMILIAS DE AGRICULTORES

CAPITULO VI. *Los Avilés*

Los elementos que determinarían si los pequeños y medianos agricultores utuadeños podían aprovechar o no la coyuntura de los buenos tiempos del café a fines del siglo 19 se han esbozado en los capítulos precedentes: la tierra misma, heredada, comprada, mercedada o arrendada; el crédito; la mano de obra, familiar o alquilada; el acceso a algunas de las etapas principales del procesamiento; el mercadeo. Como es de esperar, las experiencias concretas fueron diversas. Veamos algunas de las trayectorias familiares.

Los Avilés de Salto Abajo y Guaonico

Alonso Avilés y Martina de la Cruz su esposa habían sido vecinos de Arecibo en la primera mitad del siglo 18. Una hija, Gregoria, contrajo matrimonio en 1756 con don Ildefonso Pagán, de Arecibo. Su hijo, don Juan Pagán, fue el segundo alcalde constitucional de Utuado, y su nieta, María Belén Pagán Quiñones, casó con uno de los grandes propietarios y comerciantes de Utuado, don José Mayolí, natural de Arecibo, alcalde de Utuado en 1850.[1]

---

[1] La partida de matrimonio de da. Gregoria Avilés dice que sus padres son naturales de Arecibo; la partida de defunción que eran natu-

Pero otra rama de la familia tuvo diferente fortuna. Felipe Avilés, hijo de Alonso y Martina de la Cruz, emigró primero a Manatí, luego a Utuado, donde murió en 1819 a los 75 años. Dejó doce hijos de sus dos matrimonios, dos de los cuales, Julián y Felipe, cayeron bajo las disposiciones de la circular del gobernador Pezuela, y tuvieron que matricularse como jornaleros en 1849-50. Felipe (Avilés Rivera) era agregado en Salto Abajo, donde pagó 4 reales en 1832, la cuota mínima de Gastos Públicos del municipio. Casado en 1831 con la hija de Juan Rodríguez Matos, para 1849 tenía siete hijos. Logró escapar la libreta asentándose en la estancia de su suegro. El censo agrícola de 1851 lo revela como cultivador de una cuerda de plátanos, una y media de arroz, un cuadro de café, y un cuadro de ñames y malangas, además de extensiones no cuantificadas de tabaco y caña. Tiene entonces una vaca y un becerro, una puerca y un lechón.[2]

En 1857 el hijo del jornalero Felipe Avilés, don Juan del Carmen Avilés, casó con doña María Rosalía Maldonado, hija de don Ignacio, estanciero en el barrio Guaonico. Cinco años más tarde compró 35 cuerdas a su suegro, en el

---

rales de Aguada. A mediados del siglo 18 los registros parroquiales a veces usan 'natural' para indicar vecindad. (Parroquia de San Felipe de Arecibo, copia del Libro I de Matrimonios, 163 r; PSMU, Libro III de Entierros, partida 63).

2 *Ibid.*, 125 r; Gastos Públicos 1832, 9 r; RJ no. 24; FMU, caja 10, "(Pueblo de) Utuado Barrio de Salto Abajo Año 18(51) Estados nominales de la riqueza Agrícola Pecuaria y Terrenos que tiene este (ba)rrio," 32 r.

mismo barrio, por 300 pesos. Al parecer tuvo un éxito bastante rápido en la agricultura, pues para 1864 lo encontramos comprando nueve cuerdas en Salto Arriba, por 60 pesos, a don Antonio Cabañas. En 1865 compra por 103 pesos, de 14 a 16 cuerdas en Guaonico a Manuel Antonio Rodríguez. En el padrón de terrenos de 1866-67, que se preparó para el pago de los nuevos impuestos, declaró que de las diez cuerdas que tenía en Salto Arriba, sólo una estaba cultivada, produciéndole una ganancia líquida de 25 pesos. De las 30 cuerdas que declara tener entonces en Guaonico, reporta seis cultivadas, con una ganancia líquida de 100 pesos anuales. En esa estancia tiene dos caballos.[3]

En enero de 1873, don Juan del Carmen Avilés compra a don Francisco Salas Vélez de 25 a 30 cuerdas en Guaonico, con fincas y árboles por 275 pesos, de los que ha pagado 150 y pagará el resto a plazos. En abril de ese mismo año compra a don Juan Ramón Villanueva otras 14 cuerdas en el mismo barrio por 300 pesos, de los que paga 100 de contado y el resto en documentos. En los años subsiguientes, el analfabeta Avilés expande sus adquisiciones de tierra en Guaonico. Por el catastro de 1894 podemos observar la estructura de su producción. Tiene 40 cuerdas de café, 110 de pastos y 30 de frutos menores. En su finca hay siete bohíos, los que probablemente corresponden a las familias

---

3 PSMU, Libro III de Matrimonios Indistintos, partida 242; Prot Not Utuado Alfonzo 1862, 69 v-70v; Prot Not Alfonzo 1864, 47 v-48 r; Prot Not Alfonzo 1865, 62 r-v; FMU, caja 3, Padrón 1866 no. 1105.

de agregados que trabajan para él.[4]

En el padrón de 1900-1901, don Juan del Carmen aparece pagando derechos por 164 cuerdas de tierra en Guaonico. Es uno de los pocos terratenientes naturales de Utuado que queda para entonces en dicho barrio.[5]

La trayectoria de esta rama de los Avilés, de inmigrantes criollos de la costa, a agregados, a medianos terratenientes, refleja una movilidad positiva. Dos factores parecen haber sido claves: el matrimonio con una heredera utuadeña y el éxito en el cultivo del café. Con cuarenta cuerdas dedicadas al fruto, don Juan del Carmen Avilés se sitúa entre los medianos productores que le siguen a los hacendados en cantidad de tierra cultivada.

Los Avilés de Don Alonso

Pedro Avilés y Andrea Cruz deben haber llegado al partido de Utuado desde otro pueblo, pues su partida de casamiento no aparece incluída en el índice del perdido segundo libro de matrimonios de Utuado. Hay constancia, sin embargo, de que sus diez hijos legítimos conocidos nacieron y se bautizaron en Utuado: Manuel Simón (n. 1801—m. 1846), José Manuel (n. 1803-m. 1845), José de la Cruz (n. 1805-m. 1848), Juan Pablo (n. 1807), Juan Nieves (n. 1808), Juan (n. y m. 1810), Juana (n. 1811-m. 1812), María del Rosario (n. 1813-m. 1814), Si-

---

[4] Prot Not 1873, 21 r-22 r, 107 v-108 r; AGPR, Catastro de Fincas Rústicas de Utuado no. 69.

[5] Obras Públicas, Propiedad Pública, caja 227, Padrón 1900, 5 r.

mona (m. 1856) y Pedro Celestino (m. 1827). Los matrimonios de dos de sus hijos varones y el de una hija se asentaron en el registro parroquial de pardos, mientras que los de otros dos hijos se registraron en el de blancos.[6]

En las listas fiscales de los 1820 y los 1830, Pedro Avilés aparece como un modesto contribuyente del extenso barrio de Don Alonso, pagando cuotas por debajo de la media del partido, pero en el justo modo del barrio. El censo nominal de 1828 lo describe como agregado (puede querer decir ocupando tierra realenga sin título, como pasa con otros casos del mismo censo). Su edad se establece en los 60 años y se indica que vive con su esposa y 4 de sus 6 hijos sobrevivientes. En 1833 se le cobran los derechos de tierra correspondientes a 100 cuerdas en Don Alonso. En los padrones sucesivos que se encontraron también aparece pagando derechos por el mismo terreno. Antes de su muerte en 1849 vendió una porción no especificada, aunque menor de 30 cuerdas, a su nuera Dominga Agosto,[7] de su terreno en Don Alonso.

Manuel Simón, el mayor de los hijos, fue enviado al gobernador en 1824 por el alcalde de Utuado como uno de los mozos "menos necesarios" del

---

6 PSMU, Libro III de Bautismos, partidas 1140 y 1388; libro IV de Bautismos, partidas 166, 401, 596; Libro III de Entierros, partidas 35, 84, 248; Libro IV de Entierros, 38 v.

7 FGEPR, caja 594, Gastos Públicos 1820, 4 v; Subsidios 1825, 1827, 1830, 1832, 1838, 1839; ver Don Alonso; también Gastos Públicos de esos años; FMU 18, Censo nominal 1828, Don Alonso, 31 r; *ibid.*, caja 3, Padrón 1833, 5 r; caja 23, Padrón 1837, 2 v; caja 18, Padrón 1842, 3 v; Prot Not 1851, 192 v.

partido, destinados a llenar plazas vacantes en el Regimiento de Granada. Murió soltero en Utuado en 1846.[8]

José Manuel, el segundo hijo, casó en 1827 con una utuadeña, se instaló en el barrio de Sabanagrande, donde al parecer permaneció agregado, y murió en 1845. Tuvo por lo menos dos hijas: Juana, cuya descendencia se desconoce, y María, quien murió a los tres años en 1843.[9]

José de la Cruz Avilés, el tercer hijo de Pedro, casó en 1832 a los 27 años, con Dominga Agosto. En los padrones de terrenos de 1837 y 1842 aparece pagando derechos por 100 cuerdas en Don Alonso; para el 1848 paga por 200 cuerdas. En 1839 su cuota de subsidio ha sobrepasado la de su padre, y en 1846 está pagando cuatro veces la cantidad asignada a su hermano Juan Pablo. Muere en 1848.[10] Su viuda, que ha comprado tierra, viene en auxilio de tres parientes registrados en 1849-50 como jornaleros. Estos se acogen a los arrendamientos que ella les brinda en 1850 y así escapan a la libreta. Los beneficiados son su hermano, Juan Isidro Agosto, el marido de su hermana Manuela, Juan Santiago Río, y el hermano de su esposo, Juan Nieves Avilés. En todos los casos los cánones son menores de un peso por cuerda por año.

---

8 PSMU, libro V de Entierros, partida 1610.

9 Gastos Públicos 1832, 6 v; Libro V de Entierros, partidas 686, 1145, 1535.

10 Padrón 1837, 2 r; Padrón 1842, 3 r; FMU, caja 4, Padrón 1848, 3 r; Subsidio 1838, 6 r; Subsidio 1839, 8 r; Diputación Provincial, Utuado, caja primera, Subsidio 1846, 6 v-7 r.

Aunque Dominga Agosto vende 30-1/2 cuerdas en 1851, para el 1856 todavía le quedan 172. En 1861, junto a sus dos hijos y su yerno, Remigio Martínez, le vende 42 cuerdas a don Manuel Ríos. Estos dos hijos, Juan Manuel y Domingo no llegan a ser propietarios en Don Alonso. Juan Manuel Avilés, casado en 1854 con María Gabriela Martínez, aparece en 1862 tomando en Tetuán 10 cuerdas en arrendamiento por 5 años. Los términos sugieren el interés del terrateniente por desarrollar la tierra. No hay canon monetario estipulado. El arrendatario deberá sembrar frutos menores con la semilla suministrada por el dueño y partir la cosecha a medias con él. También deberá sembrar anualmente, en los terrenos que el propietario se reserva para sí, media cuerda de café y plátanos. El propietario suministrará los instrumentos de labranza. Al vencer el tiempo estipulado, "si fuese del agrado del arrendador continuarán trabajando del mismo modo". Estos términos son muy distintos a los que la madre de Juan Manuel Avilés, Dominga Agosto, había brindado a sus parientes doce años antes. En el mismo día, mes, y año, su hermano Domingo Avilés acepta términos idénticos del mismo propietario por 12 cuerdas. Siete años más tarde Domingo muere en el mismo barrio.[11]

El cuarto hijo de Pedro Avilés, Juan Pablo, casó en 1839 con su prima tercera María del Carmen Viruet. Residió en Don Alonso donde aparece su

11 Prot Not Alfonzo 1862, 127 r-v, 127 v-128 r; Prot Not 1872, 297 r-v; Libro X de Entierros, partida 551.

nombre listado en 1846, el año de su muerte, entre los menores contribuyentes del barrio. Su única hija conocida, María Juliana, casa con un propietario en 1855. Su viuda casa en 1851 con Rafael Tirado, y en 1862 compra 11 cuerdas en Tetúan con cafetos, plátanos y pastos. Para 1866 tiene 20 cuerdas, la mitad de ellas cultivadas, además de dos vacas y dos caballos. En 1866 su hijo, Manuel Avilés, es dueño de 22 cuerdas, seis de ellas cultivadas. En el catastro de 1894 Manuel Avilés aparece con cinco cuerdas de café, cuatro de pastos y dos de frutos menores, y en el padrón de 1900-1901 como propietario de 27 cuerdas.[12]

Juan Nieves Avilés, quinto hijo de Pedro Avilés y Andrea Cruz, casa en 1837 con María de Santiago. En 1847, debido a una denuncia del alcalde de barrio de Don Alonso, fue amonestado por las autoridades municipales por desaplicación al trabajo. En el padrón nominal de Don Alonso de 1849, aparece con tres hijos y sin tierra propia. Se registra como jornalero el 9 de febrero de 1850, pero el 8 de mayo recibe de su cuñada, Dominga Agosto, 20 cuerdas en arrendamiento por 5 años, a razón de 10 pesos anuales. En 1852, sin embargo, volvió a tomar la libreta de jornalero.[13] Se le ordena entonces vivir en poblado y de ahí en adelante se

---

12 Libro V de Entierros, partida 1609; Prot Not Alfonzo 1862, 196 v-197 r; Catastro de Fincas Rústicas de Utuado, no. 33; Padrón 1900, 12 r.

13 FMU, caja 8, Actas de la Junta de Vagos y Amancebados (1847), 2 r y 5 r; caja 15, fragmento del padrón nominal de vecinos de Don Alonso ca. 1849, 4 r; RJ no. 580; Prot Not 1850, 171 v-172 r; PSMU, Libro VIII de Entierros, partida 2559.

le pierde el rastro. Marcelino, su hijo de 20 años, muere soltero en 1865.

La única hija de Pedro Avilés que llega a edad adulta, Simona, casó en 1832 con Benito Agosto, un propietario de 60 cuerdas de Don Alonso. Enviudó en 1854 y murió en 1856, cuando comenzaba la epidemia del cólera. Al presente no se conocen más detalles sobre su vida.[14]

De los Avilés de Don Alonso se pueden resumir varios rasgos. Pedro Avilés y Andrea Cruz, su esposa, pasaron de los 60 años, y estuvieron casados por lo menos 48 años (entre 1801, nacimiento del primer hijo conocido, y 1849 muerte de Pedro Avilés). Llegaron a un barrio inmenso y escasamente poblado en el que, para 1825, sólo había 30 cabezas de familia tributando al fisco. Ocuparon tierra por la cual pagaron derechos anuales, y tuvieron 10 hijos, de los cuales seis llegaron a edad adulta. No hay conocimiento detallado del tipo de uso que le dieron a su tierra; es probable que muy poca de ella estuviera cultivada, y que las siembras fueran mayormente de subsistencia, pues en todo el barrio de Don Alonso había para 1851 sólo 91 cuerdas de café.[15]

La segunda generación la constituyen los hijos de Pedro Avilés y ninguno de ellos, con la posible excepción de Juan Nieves, vive más allá de los 45 años. Estos confrontan el cambio económico de mediados del siglo, período en que la tierra se

---

14 PSMU, Libro VII de Entierros, partida 2430.
15 FMU, caja 10, "Riqueza del Barrio D. Alonzo".

convierte en mercancía, y el estado busca someter a los sin tierra al trabajo agrícola. En esta coyuntura, los lazos de familia representan los más sólidos recursos disponibles. El matrimonio brinda el apoyo de los parientes políticos. La agrupación familiar en un mismo barrio permite el intercambio de ayudas en las necesidades.

Pero la dinámica del cambio tiende a disociar los patrones familiares de asentamiento. Quizás la misma dinámica que había inducido a Pedro Avilés a abandonar la costa a principios de siglo e internarse en la montaña, lleva a su hijo José Manuel a ubicarse en el barrio de Sabanagrande, donde muere en 1845, viudo, sin sacramentos: "no se le administraron porque no llamaron". Su hermano Manuel Simón, ex-soldado del Regimiento de Granada, muere soltero, también desatendido. Murió sin sacramentos, anota el cura, "por la indolencia de sus deudos, pues no me avisaron".[16] Pero, si no coopera con las autoridades eclesiásticas, la familia extendida en la sociedad campesina de Don Alonso todavía opera en socorro de los miembros que permanecen en el barrio. Así, Pedro Avilés vende parte de su tierra a su nuera Dominga Agosto, y ésta a su vez ayuda a su cuñado Juan Nieves Avilés a evitar las consecuencias de la libreta en el año en que la circular de Pezuela sobre los jornaleros tiene su mayor vigencia.

La tercera generación incluye arrendatarios y a un propietario. El propietario ya no tiene las can-

16 PSMU, Libro V de Entierros, partida 1610.

tidades de terreno de las generaciones anteriores —las 100 cuerdas de Pedro Avilés o las 200 de José de la Cruz Avilés. El acceso a esas extensiones de terreno baldío sólo es posible todavía a los grandes solicitantes del pueblo que pueden garantizar la explotación agrícola de los baldíos mercedados por el gobierno superior. La propiedad de este miembro de la tercera generación de los Avilés se cuenta por decenas de cuerdas: son 27 las que tiene Manuel Avilés en 1900. Pero esta pequeña propiedad no ha surgido por desmembramiento de las posesiones anteriores de la familia, sino por compra. Es la tierra-mercancía que se busca como tal.

Los arrendatarios de esta generación tienen que vivir en un cuasi agrego, respondiendo a intereses más exigentes que los que había conocido su tío jornalero en tiempos de Pezuela. Les toca el anverso de la tierra-mercancía del primo, el trabajo contabilizado más estrictamente que durante el antiguo agrego de la primera mitad del siglo.

Las tres generaciones de los Avilés de Don Alonso, pues, experimentan las diferentes modalidades características de la ocupación de la tierra en ese período: desde el asentamiento pionero hasta la titulación registrada, desde el agrego informal hasta el arrendamiento notarizado.

CAPITULO VII. *Los Collazo de Caonillas*

Don Juan Collazo de Mercado y su esposa doña Micaela Quiñones llegan a Utuado para 1757 procedentes de Ponce. Collazo fue dueño único del hato de Caonillas. En 1762 también compró 16 caballerías (3,200 cuerdas) en Viví Arriba, lugar de Quebrada Bonita "de los valdíos que se enagenaron para la construcción de la santa Iglesia y la fundación del Pueblo". Fue alférez de las milicias en 1762, teniente de capitán en 1763, teniente de milicas en 1764-65, pero nunca accedió a la tenencia de guerra ni al cargo de Sargento Mayor del partido. Fue, sin embargo, albacea testamentario de por lo menos dos oficiales locales, el Sargento Mayor don Rafael de Rivera (m. 1788) y el antiguo teniente a guerra don Alonso Godoy (m. 1797).[1]

Al parecer se dedicó a la crianza de ganado. Tenía un número indeterminado de esclavos, varios de los cuales adquirieron su libertad y se asentaron como agregados en las tierras de Caonillas. Su residencia en el pueblo, una de las pocas que existían allí a principios del siglo 19, se llamaba la casa de Caonillas. Collazo fue seis veces padrino de

---

1 PSMU, copia del primer libro de bautismos (en libro 26 de Defunciones), partida 178 bis; Libro I de Entierros, 43 r; Libro II de Entierros, 35 r; Prot Not Utuado 1831, 112 r-v; Prot Not 1841, 64 r-76 r; Prot Not 1850, 192 v-193 r.

bautismo entre 1757 y 1767, 13 veces entre 1793 y 1801, y 8 veces entre 1804 y 1809. Tuvo nueve hijos conocidos, de los cuales ocho llegaron a casarse. Don Juan Collazo murió en 1818 y, aunque inicialmente sus hijos se negaron a revelarle al párroco las disposiciones piadosas que su padre hiciera al morir, eventualmente reconocieron los gravámenes que había puesto sobre una parte de sus tierras, en censos y una capellanía.[2]

Su hijo mayor, don Felipe Collazo, le estaba alegando al cabildo de San Juan en 1800 que se le contaran en la pesa de ese año doce reses que había llevado en la pesa anterior. Don Felipe fue 24 veces padrino de bautismo entre 1792 y 1809. En 1807 acaudilló un movimiento de protesta contra la retención de un maestro de escuela por el sueldo de 100 pesos anuales. Si la mayoría de las familias vivían en los campos, ¿de qué servía un maestro en el pueblo? Era dinero malgastado. El maestro, don Juan Antonio Quiñones, era sangermeño, casado con la hermana del teniente a guerra don Antonio Rivera; aliado pues a una familia rival. De una manera u otra, don Felipe logró sus propósitos, y el maestro volvió a San Germán, abandonando a su esposa utuadeña.[3]

Para 1810, don Felipe satisfizo 100 pesos que de-

---

2 PSMU, Libro III de Entierros, partida 401; Prot Not Utuado Alfonzo 1864, 138 v; Prot Not Utuado Alfonzo 1870, 156 r.

3 *Actas del Cabildo de San Juan Bautista de Puerto Rico (1798-1803)* (San Juan: 1968), no. 102 p. 163; AGPR, FGEPR, caja 326 (Instrucción), "Año de 1809. Solicitud por don Juan Antonio Quiñones Maestro de Escuela del Partido de Utuado, sobre que se apruebe el combenio hecho con el Teniente a Guerra de dicho Partido...".

bía a la Real Hacienda por concepto de alcabalas, una suma apreciable para aquel lugar y época, que mueve a especular sobre sus actividades económicas. En 1812, las elecciones del primer ayuntamiento constitucional utuadeño encontraron a los Collazo, y a sus parientes políticos, los Vázquez, en situación conveniente para desplazar a los hegemónicos Rivera, y al cuñado de estos, el teniente a guerra don Pedro Ortiz de la Renta. El cuñado de don Felipe, don Juan Vázquez, quien en 1805 había sido reemplazado como mayordomo de fábrica de la parroquia, a insistencias del teniente a guerra Antonio de Rivera, salió electo alcalde constitucional. Don Felipe Collazo fue electo procurador síndico. Pero el triunfo fue efímero, y en las próximas elecciones accedió a la alcaldía don Juan Pagán, padrastro de los Rivera. Su pariente político, Ortiz de la Renta, fue seleccionado como procurador síndico.[4]

La ruleta política, sin embargo, no se detuvo ahí. En 1818, don Felipe fue nombrado alcalde ordinario, y escogido primer alcalde para el ayuntamiento constitucional de 1823. En 1818, Collazo pagó de su bolsillo casi todo el derecho de tierras de los vecinos de Utuado, y procedió luego a cobrarles a cada uno su porción. En la matrícula de esclavos de 1826 aparece con 11 esclavos; es entonces uno de los vecinos más ricos del partido.

---

4 FGEPR, caja 202 (Hacienda), "Décima quinta relación de deudas... hasta fin de Junio de 1810", 3 r; caja 594 (Utuado), copias de las actas de elección de los ayuntamientos constitucionales y copias de sus acuerdos.

En sus disposiciones testamentarias incluyó nueve misas cantadas, 58 a diferentes advocaciones, rezadas, las 30 misas de San Gregorio, y dos novenarios de misas a las ánimas del Purgatorio. Como no tenía hijos, dejó como herederos a sus sobrinos. Murió en 1827.[5]

Su hermano don Miguel (1759-1826), casado con una arecibeña, doña Rosa Suñer, capitán de urbanos en 1797-98, capitán retirado para 1817, fue doce veces padrino de bautismo entre 1792 y 1803 y dos veces en 1807. Dueño de varios esclavos, tuvo en 1824 un conflicto sobre terrenos heredados en Quebrada Bonita con un concesionario de baldíos. En su testamento legó diez misas. De sus siete hijos conocidos, seis fueron varones.[6]

El mayor de estos, Antonio Collazo (1793-1871), casado con doña Bárbara Matos Collazo (1798-1843), fue primer sargento de la primera compañía de milicias urbanas en 1817. Dueño de dos esclavos entre 1826 y 1829, tenía una casa de yaguas valorada en 20 pesos en 1828. En 1831 él y su esposa reconocen un censo de 100 pesos en su estancia

---

5 FGEPR, caja 202, "Noticia pedida por la Intendencia de todos los Jueces territoriales que ha tenido cada uno de los pueblos de la Isla desde el año de 1810 hasta el corriente", 4 r; caja 595 (Utuado), "Pueblo de Utuado. Relación de los individuos que han resultado electos para los Cargos Concejiles de este Ayuntamiento en el año próximo de 1823" y "Expediente promovido por Dn Felipe Collaso cobrando cierta cantidad que le adeudan los vecinos"; FMU, caja 15, "Partido de Utuado Año de 1826 Matrícula de los Dueños propietarios de la Esclavitud que se encuentran en este Parti(do)", 2 v; PSMU, Libro IV de Entierros, 34 r-v.

6 AGPR, Obras Públicas, Propiedad Pública, caja 227 (Utuado), expediente 181, 3 v; PSMU, Libro IV de Entierros, partida 162.

en Caonillas. Entre 1833 y 1848 aparece pagando derechos por 200 cuerdas de terreno. También tuvo éxito en adquirir terreno baldío del gobierno superior. Pero desde 1845, cuando vende su esclava Matea, se percibe un patrón de dificultades económicas, que le inducen a vender tierras en 1851, 1855 y 1862. En 1859 pierde un litigio con don Diego Sánchez, el que le reclama en juicio verbal una suma por un terreno enajenado.

Don Antonio tuvo 10 hijos conocidos, de los cuales tres murieron en la niñez. Dos de sus hijas casaron con parientes (uno de ellos jornalero); otra, Monserrate, permaneció soltera, y era terrateniente en 1863. Los hijos varones se pierden de vista, aunque uno de ellos, Miguel, casó en 1852.[7]

De los hermanos de don Antonio, uno murió joven y otros se orientaron hacia el término de Arecibo, y fueron liquidando sus haberes en Utuado.[8]

El tercero de los hijos de don Juan Collazo, don Marcos (1767-1836), prefirió sus tierras heredadas en Viví, donde afincó su casa. Sus hijos y nietos, analfabetos, fueron estancieros.[9]

Su hermano varón menor, don Juan Isidro Co-

7 FGEPR, caja 62 (Esclavos), "1829 Matrícula de esclavos del Partido de Utuado", 3 r; FMU 18, Censo nominal 1828, Caonillas 5 v-6 r; Prot Not Utuado 1831, 125 r-126 v; Prot Not 1845, 7 v-8 r; Prot Not 1851, 1 r-v, 125 v-126 v; Prot Not Alfonzo 1862, 282 r-v; FMU, caja 15, "Pueblo de Utuado Año de 1858 (y 59) Cuaderno de Juicios de Conciliación", 12 r-v.

8 Prot Not Utuado 1831, 125 v; Prot Not 1838, 7 v-8 v; Prot Not 1845, 68 v-70 v.

9 FMU 18. Censo nominal 1828, Bibi, 9 r; Prot Not Utuado 1831, 2 r-3 v, 112 r-v; FMU 3, Padrón 1833, 14 r; PSMU, Libro V de Entierros,

llazo, padrino asiduo de bautismos, fiador presto de sus parientes, padre generoso de una numerosa prole, aceptante poco renuente de las coartaciones de sus esclavos, participante gustoso en asuntos cívicos, sargento mayor de urbanos por varios años, fue vendiendo, regalando e hipotecando sus tierras en Caonillas y en otros barrios. Murió en 1867, autoproclamándose en su testamento pobre de solemnidad, sin nada que legar.[10]

Las cuatro hermanas, en cambio, garantizaron que al menos parte del antiguo hato de Caonillas quedara para la descendencia de don Juan Collazo. Doña María del Rosario casó con don Vicente de Matos, de origen arecibeño, y así Caonillas tuvo su segundo apellido distintivo. Doña María Monserrate casó con don Juan José Vázquez, primer alcalde de Adjuntas; doña Antonia con don Juan Vázquez, primer alcalde electo (1812) de Utuado. Doña María de las Nieves, que había casado con un Rivera, cruzando la valla que dividía las familias hegemónicas de Utuado, al enviudar casó con otro Vázquez, don José.[11]

Casando con sus primas, los Collazo, hijos y nietos de don Marcos y don Juan Isidro, lograron

partida 228; Prot Not Alfonzo 1863, 27 v-28 r, 92 v-93 r; Prot Not Alfonzo 1864, 24 v.

10 FGEPR, caja 595, Lista de Milicias Urbanas de 1817; FMU 18, Censo Nominal 1828, Caonillas, 5 r-v; Prot Not 1841, 23 r-25 r, 64 r-76 r, 58 v-60 r; Prot Not 1845, 35 v-37 r; Prot Not Alfonzo 1867, 148 v-149 v.

11 PSMU, Libro III de Entierros, 177 v; Libro IV de Entierros 84 v, 109 v; Libro V de Entierros, partidas 138 y 1212; Prot Not 1851, 7 r-8 r, 12 v-13 r; Prot Not Alfonzo 1863, 115 v-116 r; Prot Not Alfonzo 1867, 99 r, 104 v-105 r.

mantener un pie en Caonillas. Pero para la segunda mitad del 19 ya no eran los principales terratenientes allí. Un pariente político, Francisco Serbiá, yerno de Juan Isidro Collazo, estaba tratando de desarrollar una hacienda sacarina en el valle, pero la crisis económica del 1867 lo frenó. En los 1870 los inversionistas del pueblo se tallan sendas propiedades en Caonillas: don José Rigual, don Felipe Casalduc, don Simeón Sandoval, y para los 1880, don Benito Ruíz. Pero en medio de estos neo-potentes subsisten los Collazo: Gregorio, que trata de evadir las responsabilidades del oficio de comisario de barrio, alegando ser analfabeta; Juan Eduvigis ("Rubi"), Tomás, José Ramón, Rafael, José María, y otros que aparecen en los documentos de los 1860 y 1870.[12]

Para el catastro de 1894 los Collazo de Caonillas aparecen como modestos caficultores.[13] (Ver tabla 7.1)

En 1900 quedan sólo tres Collazo terratenientes en Caonillas: Ventura, con 30 cuerdas, y Pilar con 32 en Caonillas Abajo, y Manuel María con 20 en Caonillas Arriba.[14] Después de 140 años en la zona,

12 FMU, caja 3, Padrón 1866, 6 r-7 v; Prot Not 1850, 254 r-255 r; Prot Not Adjuntas Porrata 1859, 5 v-6 r; Prot Not Utuado Alfonzo 1863, 29 v-30 v, 122- v-123 r, 123 r-v, 152 r-v; Prot Not Alfonzo 1870, 95 v-97 r; 184 r-185 r; FMU, caja 22, expediente por el que d. Gregorio Collazo solicita se le exima del cargo de comisario de barrio de Caonillas (1874); Prot Not Alfonso 1864, 109 v-110 r, 112 v-113 r; Prot Not Alfonzo 1867, 87 r-v.

13 Catastro de Fincas Rústicas de Utuado, fincas nos. 140, 141, 155, 156, y 253.

14 AGPR, Obras Públicas, Propiedad Pública, caja 227, expediente 170, 6 r-7 v.

Tabla 7.1 — Tierra de los Collazo en Caonillas (1894)

Núm. de finca en catastro	Propietario	Usos del terreno
140 (Caonillas Abajo)	Rafael Collazo	4 cuerdas de café, 2 de pastos, 10 de otros cultivos, 42 de otros aprovechamientos
141 (Caonillas Abajo)	José María Collazo Negrón	1 cuerda de café, 11 de pastos
155 (Caonillas Abajo)	Januario Collazo	10 cuerdas de café, 20 de pastos; 5 bohíos
156 (Caonillas Abajo)	Januario Collazo	2 cuerdas de café, 44 de pastos; 3 bohíos
253 (Caonillas Arriba)	Manuel María Collazo	6 cuerdas de café, 11 de pastos, 3 de frutos menores; 2 bohíos

eso era lo que les quedaba a la descendencia patrilineal del hato de su antepasado. El hecho mismo del hato casi se ha olvidado. "Yo oí decir", me expresó una tarde de febrero de 1977 don Ismael Pérez Matos, una de las memorias diáfanas de Utuado, mientras viajaba conmigo en la guagua a Arecibo, "yo oí decir que hubo una vez un Collazo que fue grande en Caonillas". El mismo no sabía que era descendiente de ese Collazo.

CAPITULO VIII. *Los Negrón de Paso de Palma y Caonillas*

En la historia de los barrios Paso de Palma y Caonillas sobresalen los Negrón, una nutrida familia de pequeños y medianos agricultores, algunos de los cuales, por obtención de terrenos baldíos de la Junta Superior, y por compras, lograron desarrollar importantes propiedades. Es algo difícil reconstituir sus generaciones, pues los protocolos son parcos en proveer detalles de sus vicisitudes. Por otro lado, la falta de los registros iniciales de matrimonios en el archivo parroquial impide ubicar en el enramado genealógico algunas familias del mismo apellido que pueden estar emparentadas. Pero con los datos al alcance en los documentos accesibles se logra articular una historia esquemática de la mayoría de los utuadeños con este apellido en el siglo 19.

Diego Negrón y Ursula Colón, naturales de Ponce, se asentaron en el sitio de Arenas de Utuado hacia el 1750, cuando nació allí su hijo Diego. En 1756 nació otro hijo, Andrés, y un tercero, Gabriel, probablemente había nacido antes de la llegada del matrimonio a la recién fundada parroquia. Entre 1755 y 1769 ambos esposos apadrinaron 8 niños, los que en su mayoría eran hijos de parejas que habían inmigrado también de Ponce. El último de los ahijados conocidos fue su primer nieto, Felipe. Ambos consortes murieron en 1781, con un día de diferencia. Negrón dispuso que se dijeran misas rezadas en honor a su ángel de la guarda y al santo de su nombre, una por sus cargos de conciencia y una cuarta por penitencias mal cumplidas. Asimismo, dispuso otras misas a diferentes advocaciones y un novenario de misas a las Animas. La escrupulosa piedad del legatario lo revela como persona de algunos medios, pues la mayor parte de las partidas de defunción de la época en Utuado anotan: "No testó por carecer de bienes."[1]

La historia de sus hijos Diego y Andrés, y de su descendencia, se puede resumir en breves palabras. Diego Negrón Colón casó con Juliana Gutiérrez; tuvieron seis hijos, de los cuales, Tomasa y Manuela, murieron solteras en 1817 y 1819. Al morir en 1820 Diego Negrón no tenía bienes para testar. Su hija María casó en 1828 con un dominicano vecino de la Capital; otro hijo, José María casado en 1822, murió en 1828 a los 33 años. El hijo sobreviviente, Isidoro, casado en 1827, se registró como jornalero en 1850 y murió en 1855. Había tenido terreno, que luego perdió, en Viví y más tarde en Caguana.[2] Al presente se desconoce el paradero de su descendencia, fuera de un hijo 12 años que murió en 1844.

Andrés Negrón Colón, casado con Estefanía Rodríguez de Matos, tuvo por lo menos seis hijos; un párvulo que murió en 1783; Jorge, que murió sol-

---

1 PSMU, copia del primer libro de bautismos (en Libro 26 de Defunciones), partidas 103 y 233; Libro I de Entierros, 6-7 r.

2 Libro III de Entierros, 142 r; RJ no. 362; FMU, caja 3, Padrón 1833, 14 r; caja 23, Padrón 1837, 8 v.

tero en 1796; y dos hijas y dos hijos, de los cuales Miguel casó en Adjuntas en 1818. Probablemente el rastro de esta familia podría recuperarse en los documentos del colindante municipio de Adjuntas, que se desprendió de Utuado en 1815.

Gabriel Negrón Colón, casado con Dionisia de Jesús en la década del 1760, es el antepasado de los Negrón que fueron cultivadores en Caonillas y Paso de Palma.[3] Tuvo once hijos:

1. Felipe, nació en 1769; se desconoce su paradero.

2. Antolino, casado con Teresa Colón, murió en 1867.

3. Gregorio, casado con María Belén Colón, murió en 1852.

4. Bartolomé, casado con Polonia Colón. Propietario de 180 cuerdas en Caonillas, murió en 1854.

5. Casimiro, casó con María Villanueva, murió en 1815.

6. Isabel, casó con Marcos Miranda, murió en 1855.

7. Rosa, murió soltera en 1840.

8. José María, nació en 1793. Casó con María José Miranda, que murió en 1819, con quien tuvo dos hijos. Volvió a casar en 1827 con su parienta Ana María Colón. Propietario de 50 cuerdas en Viví. Murió en 1857.

---

[3] Libro III de Entierros, 123 v-124 r; Libro V de Entierros, partida 670.

9. Bárbara. Nació en 1795 y murió en 1796.
10. Un párvulo que murió en 1784.
11. Un párvulo que murió en 1788.

Aunque es posible trazar la descendencia de los hijos casados, las fortunas de tres de las ramas son suficientemente ilustrativas de las vicisitudes y la persistencia de los Negrón como agricultores. De ellos, Antolino Negrón,[4] casado con Teresa Colón, fue mediano propietario en Viví Arriba, pagando derechos por 100 cuerdas en 1833, por 50 en 1837 y por 90 en 1842. Tuvo once hijos, de los cuales cuatro murieron en la infancia, y María Nicomedes murió soltera en 1851. Los restantes y su descendencia heredaron las fracciones de la propiedad en Viví, y algunos vendieron sus predios a personas ajenas a la familia para los 1870. En la época del auge del café, los descendientes de Antonio Negrón que quedaban como terratenientes eran típicos productores agrícolas:[5]

Manuel Negrón Colón poseía 5 parcelas, 3 de ellas en Viví Abajo, una en Caonillas Arriba y una en Alfonso 12, para un total de 66-1/2 cuerdas, de las cuales 16 y tres cuartos están dedicadas a café, 15 a pastos, 8-1/2 a frutos menores y 26-1/4 a otros aprovechamientos.

Manuel Encarnación Negrón tenía 2 parcelas en Viví Abajo, con un total de 118 cuerdas, 7 de las cuales eran de café, 13 de pastos, 4 de frutos me-

---

4 FMU, caja 3, Padrón 1833, 14 r; caja 23, Padrón 1837, 1 r; caja 18, Padrón 1842, 2 r.
5 Catastro de Fincas Rústicas de Utuado, nos. 899, 904, 905, 906, 907, 910, 911.

nores, y 94 de otros aprovechamientos.

Gregorio Negrón, casado con María Belén Colón, es dueño de seis esclavos en la década del 1820, y tiene terreno en Viví. Hacia 1831 vende parte de este terreno a Juan Candosa Colón, Pedro José Villafañe, y Miguel Alvarez Gutiérrez. Este último le queda a deber 91 pesos. Dice la escritura mediante la cual Alvarez Gutiérrez y su esposa María Josefa Serrano se constituyen en sus deudores, que Negrón

> le ha hecho el fabor de hacerle para su abono una larga espera, conformándose, con que le haga los zapatos que necesita para su familia y el dinero necesario en cada año para pagar los reales derechos que le corresponda hasta la total solución del dévito (sic)[6]

Negrón se traslada entonces a Caonillas, donde aparece pagando sus cuotas de subsidio y de gastos públicos, y el derecho de tierra por dos caballerías (400 cuerdas) de terrenos baldíos para dedicarlos al cultivo y la crianza de ganadería. Aduce entonces, en el memorial que otra persona redacta, pues él no sabe firmar, que se ha dedicado desde sus primeros años a los trabajos agrícolas "con los escasos recursos que me han prestado mis cortas proporciones", y que para continuar dichos trabajos necesita terreno suficiente para emplearse él y sus ocho hijos legítimos. El gobernador pide un informe al alcalde de Utuado, quien responde que

6 Prot Not Utuado 1831, 58 r-59 r.

el solicitante tiene los medios para cultivar los terrenos solicitados, pero que no lo considera meritorio "por poner de su propiedad en el barrio de Caunillas tres cavallerías ciento y treinta cuerdas" por las que paga derechos. El expediente no tiene seguimiento en la Junta Superior de Terrenos Baldíos.[7]

Para 1848, Negrón tiene 80 cuerdas en Viví, y 120 en Paso Palma, además de las 730 en Caonillas. En 1850, varios jornaleros toman de él tierra en arrendamiento en Jayuya, Viví y Caonillas. La tierra de Jayuya corresponde a una adquisición de 120 cuerdas que había hecho de Felipe Soto hacia 1837, por las cuales la viuda de éste, Florentina Marín, le otorga escritura en 1851.[8]

De los ocho hijos de Gregorio Negrón, por lo menos cuatro casan con parientes y necesitan dispensas de consanguinidad. Uno de ellos, Manuel Trinidad, reside en Caonillas y va vendiendo pedazos de su herencia paterna en Jayuya Abajo, mientras por otro lado adquiere alguna que otra parcela adicional en Caonillas. En el padrón de terrenos de 1866 aparece con 10 cuerdas cultivadas y 350 sin cultivar. Declara entonces un producto líquido anual de 600 escudos (300 pesos).[9]

Su hermano José Miguel es propietario en Viví

---

7 Obras Públicas, Propiedad Pública, caja 232, expediente 420, 1 r-v.

8 Prot Not 1850, 150 r, 210 r-v; Prot Not 1851, 15 v, 24 v, 182 v-183 v.

9 Prot Not Alfonzo 1863, 92 v-93 r; Prot Not Alfonzo 1864, 163 r-v, 185 v-186 r; Prot Not Alfonzo 1868, 124 r-v; Prot Not Alfonzo 1869, 111 v-112 r; Prot Not Alfonzo 1870, 106 v-107 v; FMU, caja 3, Padrón 1866, no. 375.

Abajo. Un tercer hermano, José Dolores, propietario en Jayuya Abajo, vende a Felipe Casalduc en 1867 una esclava que había heredado de su padre.[10]

La reconstrucción de una tercera rama de la familia trae la historia de los descendientes de Gabriel Negrón Colón hasta nuestros días. Casimiro Negrón, hermano de Antolino y Gregorio, muere joven en 1815 dejando cinco hijos. No testó, dice su partida de defunción, por ser pobre. Su viuda, María Villanueva, vuelve a casar con Jacinto Marín. Un hijo, Bernardino Negrón, es pequeño propietario de Arenas, donde, como la mayor parte de los vecinos de ese barrio, vive en un bohío en 1857. Dos de las hijas casaron con propietarios: María Antonia con Enrique de la Cruz, y Tomasa con Ramón Nicomedes Vázquez. Otro hijo, Juan Nepomuceno Negrón, obtiene escritura de emancipación de su madre en 1841. Se le reconocen como suyos, entonces, bienes no especificados, que probablemente incluyen un terreno labradero que había comprado en 1840 por 125 pesos en Quebrada Felipe.[11]

10 Prot Not Alfonzo 1867, 28 r-v. Hay una referencia a una colindancia con José Miguel Negrón en Prot Not Alfonzo 1862, 53 r-v, y una referencia a una colindancia con José Dolores Negrón en Prot Not Alfonzo 1870, 107 r. Ninguno de los dos aparece en los padrones de terrenos contemporáneos; ambos ilustran el problema que Antonio Gaztambide señala en su trabajo sobre los contratos de jornaleros en Utuado (*Anales de Investigación Histórica* VII no. 1, 1980): no se puede depender sólo en los padrones de terreno para establecer la estructura de la tenencia de tierra a mediados del 19, pues muchos propietarios no están pagando derechos de tierra y otros pagan por menos tierra de la que tienen.

11 Libro III de Entierros, partida 285; FMU, caja 8, Padrón 1855,

En documentos sucesivos se puede observar la rapidez vertiginosa con la cual Juan Nepomuceno Negrón se hizo de tierras. Para 1842 tiene 68 cuerdas en Caonillas. Para 1850 tiene una estancia de 148 cuerdas en Paso de Palma, cuya extensión en 1855 es de 375 cuerdas y en 1860 de 420 cuerdas. Para 1867 tiene 754, de las cuales sólo 50 están cultivadas.[12]

Juan Nepomuceno Negrón, que era analfabeto, no pudo sacarle pleno partido a su latifundio en Paso de Palma debido a la falta de capital y de destrezas comerciales. Sin embargo, parece haber utilizado la estrategia de arrendar pedazos de terrenos como forma de desarrollar el cultivo del café en su propiedad. La tabla 8.1 resume los arrendamientos notarizados conocidos.[13] (Ver página 139)

Preparar la tierra para el cultivo es una actividad que requiere inversión de capital. Cuando el hacendado no dispone de ese capital, opta por arrendar predios relativamente grandes por tiempos bastante largos y cánones módicos. Esos términos de arrendamiento favorables inducen a los padres de familia a establecerse y a abrir la tierra para el cultivo. En la mayoría de los casos, Negrón

[12] r;*ibid.,* Barrio de Arenas. Relación de los vecinos que poseen casas de comodidad como ygualmente los bohíos" (marzo 5 de 1857; hay 7 casas y 63 bohíos en todo el barrio); Prot Not Utuado 1840, 5 r-6 r; Prot Not 1841, 12 r-13 r.

[12] Padrón 1842, 6 r; FMU, caja 3, Padrón 1850, 7 r; Padrón 1855, 2 r; Obras Públicas, Propiedad Pública, caja 233, Padrón 1860, 3 r; FMU, caja 3, Padrón 1867 no. 420.

[13] Prot Not Utuado 1850, 31 r-32 r; Prot Not Alfonzo 1862, 284 r, 333 v-334 v; Prot Not 1872, 252 v-253 r, 253 r-v, 253 v-254 v.

Tabla 8.1 — Arrendamientos de Juan Nepomuceno Negrón

Año	Extensión	Términos	Tiempo	Arrendatario
1850	8 cuerdas	8 pesos anuales	4 años	Celedonio del Río
1862	25 cuerdas	12 pesos anuales	6 años	D. Laureano González
1862	20 cuerdas	12 pesos anuales	6 años	D. Luis Quiñones
1872	25 cuerdas	16 pesos anuales	6 años	Miguel González
1872	25 cuerdas	3 fanegas café pergamino anuales	5 años	Francisco Vargas
1872	25 cuerdas	16 pesos anuales	6 años	Antonio de Jesús

Fuente: Protocolos Notariales de Utuado.

promete pagar las nuevas siembras de café a la mitad de su valor. Para el tiempo en que vencen los arrendamientos, las primeras siembras estarán entrando en cosecho. De esta suerte, la operación de siembra se financia a sí misma.

Otra estrategia que Negrón utilizó fue establecer a sus hijos en diferentes partes del fundo, a medida que llegaban a la edad adulta. Pero, la suma de recursos al alcance de Juan Nepomuceno Negrón no fue suficiente para impedir que lo fuera desplazando Manuel Belén Pérez, otro gran propietario que surge en Paso de Palma después de 1868. Pérez, de la misma familia comerciante-arecibeña a que pertenecía el cacique de Jayuya, don Eusebio pudo combinar exitosamente la refacción y la compra del grano de café, con su propio cultivo y elaboración. Para los 1890 era el hacendado indiscutido del barrio, a cuyas manos habían ido a parar la mayor parte de las tierras de los hijos de Juan Nepomuceno Negrón.[14]

De ese proceso fue testigo don Sixto Negrón,

---

14 Sobre Manuel Belén Pérez (1844-1919), ver Francisco Ramos, *Viejo rincón utuadeño*, 25-27; Ramón Morel Campos, *El porvenir de Utuado*, 200-201. El contraste entre los arrendamientos de Manuel Belén Pérez y los de Juan Nepomuceno Negrón es significativo. Por ejemplo, el 8 de octubre de 1870, Pérez da a Francisco Ribera Yambó 20 cuerdas en Paso de Palma hasta enero, 1873, incluyendo cuatro cuerdas de plátanos. Ribera pagará 20 pesos cada enero, y también los derechos municipales y nacionales. Las mejoras que haga quedarán a favor de Pérez (Prot Not Alfonzo 1870, 189 v-190 r). En estos términos, comparados a los arriba citados de Negrón, se nota: 1) un plazo más corto de arrendamiento, 2) un canon más alto, 3) la obligación de pagar los impuestos sobre la propiedad queda transferida al arrendatario y 4) Pérez no remunera a su arrendatario por las siembras hechas.

un nieto de Juan Nepomuceno Negrón e hijo de Manuel Negrón. En una extensa conversación grabada el 28 de julio de 1977 en su hogar en Paso de Palma, el entonces casi centenario don Sixto recordaba tanto a su abuelo como a Manuel Belén Pérez. He aquí transcripciones de sus recuerdos sobre uno y otro:

> *Sixto Negrón (sobre su abuelo Juan Nepomuceno Negrón):* Porque tenía una tienda de mercería. Ese viejo tenía carnicería, tenía gallera, tenía escuela, y siguió teniendo de todo lo que había en una finca grande.
> *F.P.*—¿Usted conoció a su abuelo?
> *S.M.*—¡Cómo no! El murió después que yo estaba muchacho grande. Pero era un hombre bruto; no sabía la letra.
> *F.P.*—¿El no sabía la letra?
> *S.N.*—El no sabía la letra. Y le dió un dolor de muela fuertísimo, y agarró de un virote, pegó un canto de seda negro, y de ahí amarró la muela, y pegó a extender de ese canto de seda —un hombre que pesaba 180 libras. Cuando cayó pa'bajo se cayó la muela con todo y canto... (se hinchó y murió de la infección).
> *En otro momento de la conversación:*
> *F.P.*—Don Sixto —¿usted conoció a don Manuel Belén Pérez?
> *S.N.*—¡Cómo no! Si él vivía ahí cerquitita.
> *F.P.*—¿Sí?
> *S.N.*—Así es. Si la señora de don Manuel venía a casa a visitar a mi mamá. Entonces ellos vivían ahí en la orilla del río... Además cuando ella tenía un hijo, mamá iba allá a verla y a estar un

rato con ella, y ella cuando mi mamá tenía un hijo venía... doña Luisa Villafañe, fue la primera señora de don Manuel Belén Pérez.

F.P.—¿Cómo era don Manuel Belén Pérez?

S.N.—Don Manuel Belén Pérez era un hombre que cogía todo el mundo para él.

F.P.—¿Cómo es eso?

S.N.—Sí, porque siguió cogiendo gente, y haciendo chavos, y haciendo chavos, y empezó con arencas y bacalao y esas tonterías en la tiendita. Y al ver cómo iba el negocio que tenía, puso una tienda grande. Y sigue cogiendo a los agricultores y le entregaban el café a él. Y al que él le parecía el mejor, le daba recibo del café que había entregado. Y dispués, a los otros —venían a arreglarle. —Dáme el recibo. —No tienes recibo, pues no tienes na'. Y se le quedaba con el café que vendió. Era bueno en el sentido porque te enseñaba a uno. Y no se iba adonde el médico... en donde don Manuel, porque sabía de medicina.

F.P.—¿Don Manuel sabía de medicina?

S.N.—Sabía de medicina. El era bajito, un hombrecito bajito y flaco. El único hombre más inteligente que ese, no se ha inventado en tó' Puerto Rico. Diba al pueblo... y lo que él decía... él le decía al alcalde... Porque era muy inteligente. Y entonces vino San Ciriaco y se acabó. Se llevó los establecimientos y se llevó alguna de la gente que había ahí. El se había ido pa'Arecibo.

CAPITULO IX. *Los Olivo de Angeles*

Hacia 1859, Bernardo Olivo, natural del Pepino, su esposa Bárbara Ortiz, y sus once hijos se instalaron en un terreno de 100 cuerdas que Olivo había adquirido en el barrio Angeles de Utuado. Ese año, María, una de las hijas mayores, se casó con Domingo Padró, un inmigrante canario residente en Angeles. Olivo aparece al año siguiente en el padrón de terrenos pagando derechos por sus 100 cuerdas.[1]

Al parecer, los Olivos frecuentaban más el vecino pueblo de Lares que la sede municipal utuadeña. Es así que los encontramos refaccionándose con Márquez y Cía., una de las principales casas comerciales de Lares, dos de cuyos libros de cuentas diarias de la década del 1860 se han conservado. Por las anotaciones en estos libros podemos ver cómo se desenvolvió una familia recién instalada en un terreno mayormente sin desmontar.[2]

Lo primero que llama la atención es la naturaleza de los artículos que toman a crédito en Már-

---

[1] Parroquia San Miguel de Utuado, Libro Tercero de Matrimonios Indistintos (1855-1863), partida 455; AGPR, Obras Públicas, Propiedad Pública, caja 233 (Utuado), "Pueblo de Utuado. Año de 1860. Copia del Padrón de terrenos del año corriente", 14 r.

[2] AGPR, Colecciones Particulares 74, colección Emiliano Pol, expediente 1, Libro Diario número (1) de Márquez y Compañía (1863-1864) y expediente 2, Libro Diario número 4 de Márquez y Compañía (1867-1868).

quez y Compañía. Probablemente los Olivo compraban a algún pulpero de Angeles las salazones y otros víveres importados, pues rara vez aparecen artículos de comida en su cuenta de Lares. En esta predominan las telas. Hay que tener en cuenta que se trata de una familia grande que presumiblemente se confeccionaba todas sus prendas de vestir y artículos de casa. Aun así, uno se asombra con la frecuencia de las compras. Tomemos un corto ciclo como ejemplo:

El 12 de mayo de 1867, Bernardo Olivo, con su hijo José, carga a su cuenta 10 varas de zaraza[3] flor amarilla y 8 varas de coleta de cuadros. El 16 de mayo, Olivo lleva 6 varas de coleta cruda de hilo y 8 varas de coleta inglesa de listas. El 26 de mayo, su hijo Antonio carga a la cuenta 3 varas de dril, 3 varas de coleta de listas, y 2-1/2 varas de arabia rosada. El 9 de junio, su hijo Pedro lleva un pañuelo de bayona, un pañuelo chico, 6 varas de dril de hilo fino, 11 varas de zaraza amarilla fina, 3 varas de coleta de cuadros, 2-1/2 varas de coleta blanca, 2-1/2 varas de coleta inglesa, 3 varas de listado inglés, 3 varas de dril de listado blanco militar, 2 varas de flor de américa, otro pañuelo chico, y 2-1/2 varas de crehuela.[4] En 1 de julio, Olivo lleva 8 varas de 'croidón' superior y 9-1/2 varas de cole-

---

[3] Según el diccionario de la Real Academia Española (19na. edición; Madrid: 1970) zaraza es "tela de algodón muy ancha, tan fina como la holanda y con listas de colores o con flores estampadas sobre fondo blanco, que se traía de Asia y era muy estimada en España".

[4] Crehuela, según la Real Academia, es "crea ordinaria y floja que se usaba para forros", y crea es "cierto lienzo entrefino de que se hacía mucho uso para sábanas, camisas, forros, etc.".

tilla blanca.[5]

También los lutos de la familia quedan registrados en compras a Márquez y Cía. Así, el 7 de marzo de 1868, queda anotado que debe Bernardo Olivo con su hijo José:[6]

```
14 varas escambrón negro    12,50
10 varas zaraza negra        1,88
 5 pañuelos fondo negro       ,94
   en seda negra              ,25
```

En segundo lugar, la cuenta de los Olivo con Márquez y Cía, refleja un patrón de consumo que parece chocante, pero que debe ser entendido en el contexto de los hábitos y las actitudes de aquella sociedad campesina. Bernardo Olivo carga artículos a su cuenta a través del año, y paga con su cosecha de café. Nunca alcanza a liquidar la cuenta. Una vez al año se hace el balance, se cargan intereses nuevos, y se acuerda su pago en la siguiente cosecha. Por los libros remanentes de Márquez y Cía. podemos ver cuán cuesta arriba era pagar telas y ropas importadas con café.

Así, en el año 1863-64, cuando Olivo aparentemente está empezando sus cultivos de café, sólo abona en efectivo, el 21 de febrero de 1864, 32 pesos 32 centavos. La suma de las partidas que ha tomado a crédito desde el 16 de agosto de 1863 hasta ese momento asciende a 266 pesos 20 centavos.

---

5 Libro Diario no. 4, págs. 12, 23, 37, 57 y 84.
6 *Ibid.*, p. 498.

El próximo libro diario de Márquez y Cía. que se ha conservado, el que corresponde a los años 1867 y 1868, nos muestra a Olivo como caficultor. En 15 de mayo de 1867, se le acreditan a Bernardo Olivo 13 fanegas, 6-1/2 almudes de café verde entregado en la pasada cosecha, a 10 pesos fanega, por 135 pesos 42 centavos, y cinco fanegas, dos almudes a medio secar, a 11 pesos la fanega, por 56 con 75. Ese año Olivo queda a deber 601 pesos.[7]

A pesar del huracán San Narciso de octubre del 1867, Olivo logró recoger mayor cantidad de café en la siguiente cosecha, probablemente porque nuevas porciones de su finca estaban entrando en producción:

> 7 de marzo de 1868
> Haber de Bernardo Olivo
> Por 25 fanegas 8 almudes café
> pergamino entregado en la pasa-
> da cosecha después de deducir 8
> fanegas 2-1/2 almudes que debía
> apreciados y el litro de fruto a 9$ 231,

Aun así Olivo queda debiendo 931 con 13 a Márquez y Cía., de los cuales 128 con 62 corresponden a intereses vencidos, y 200 pesos son del plazo de una deuda a don Tomás Jordán por un terreno que su hijo José Olivo había comprado el precedente año a don Manuel Román.[8]

---

7 Libro diario no.(1), p. 543; Libro diario no. 4, págs. 20 y 84.
8 *Ibid.*, págs. 497 y 88; Prot Not Utuado Alfonzo 1867, 78 v-79 r.

Parecería lógico que en esa situación los Olivo restringiesen su consumo, y es posible que lo hicieran en mayor grado de lo que uno pueda percibir leyendo sus cuentas a la distancia de más de un siglo. Pero en ocasiones festivas, el balance negativo de la cuenta no inhibe el gasto extraordinario:[9]

    25 de diciembre de 1867
    Debe Bernardo Olivo con su hijo José

2 varas coletilla blanca	,38
6-1/2 varas listado inglés hilo	2,62
5-1/2 varas dril militar a 3 rs.	2,06
10 varas zaraza morada fina	1,88
20 varas regencia fina a 2-1/2 rs.	6.25
1 pieza calico fino 44 varas en	8,
3 varas gante a 2 rs.	,75
3 varas listado no. 2	,56
2 pañuelos bayona	,75
1 id. fondo lacre	,25
(total)	23,50

4 pares zapatos mujer	4,
1 par zapatones negros bajos	1,50
1 par id. negros	2,50
(total)	8,

Cuatro días más tarde se añaden 10,89 más a la cuenta por calicó, zaraza fina, zaraza regular y un pañuelo. El primero de enero hay otra cuenta de

---

9 Libro Diario no. 4, págs. 349-50, 355, 362 y 367.

16 pesos 23 centavos en telas y pañuelos, y dos pesos de efectivo en plata que se cargan a la cuenta. Y la víspera de Reyes:

4 cuartillos de ron	,50
1/2 id. de ginebra	,12
2 potes pomada	,25
(total)	,87

Nada de esto parece excesivo para época de Navidad, pero es el año crítico de 1867-68, y en la liquidación anual de su cuenta, en marzo, Olivo queda debiendo 931,13.

En esas circunstancias hay inclusive gastos difíciles de explicar. Por ejemplo, el 8 de septiembre de 1867 su hijo José lleva, entre otros artículos, "1 pieza zaraza morada fina" que cuesta 5 pesos 75 centavos. En aquella época, una cuerda de terreno en el barrio Angeles, donde vivían los Olivo, se vendía en 5 pesos. Una semana más tarde José regresa a cambiar la pieza, y se anota en la cuenta:

> Diferencia en 1 pieza zaraza morada que le hemos cambiando por otra más fina   1,50

Si añadimos los intereses del crédito, resulta que el equivalente de una cuerda y media de terreno, o la mitad del valor de una vaca, ha sido consumido en un artículo de vestir. Pero el afán de lucir no es privativo de las campesinas. En 25 de agosto de 1867, Bernardo Olivo se ha llevado un sombrero de panamá valorado en 4,50. En 5 de octubre, su hijo Pedro manda a cargar a la cuenta otro sombrero panamá que vale 5,25. Y el 13 de octubre, su hijo Antonio lleva un sombrero de pelo fino de 3,75.

Otro aspecto interesante de la cuenta de los Olivo lo constituyen las inversiones en su propiedad. Aparentemente para 1863 Bernardo Olivo está construyendo una casa. Así, el 22 de diciembre lleva seis pares de bisagras, y el 6 de febrero de 1864 Márquez y Cía, paga al "maestro Alcris", por cuenta de Olivo, 90 pesos en efectivo.

El precio inferior que Olivo recibió en 1867 por su café verde y a medio secar puede estar tras su decisión de hacerse de una máquina de descascarar café. En todo caso el café que liquida en 1868 es pergamino, y en la partida del 21 de septiembre de 1868 hay:

```
1 cobre para máquina... a 7 reales   5,25
200 tachuelas para máquina            ,38
1 libra clavos                        ,12
```

Es notable que después de esta partida fechada la antevíspera del Grito de Lares ni Bernardo Olivo ni sus familiares reaparecen en el libro de cuentas de Márquez y Cía. por el resto de 1868, a pesar de que la tienda reabre el 26 de septiembre y que por lo general los Olivo habían acostumbrado tomar artículos en la tienda unas tres veces al mes. Quizás estimaron que no era prudente acercarse entonces al pueblo de Lares. Pero ninguno de los registros de arrestos indica participación alguna de la familia en el Grito.

El testamento de agosto de 1873 de Bernardo, cabeza de la familia, quien había enviudado hacía algún tiempo, nos brinda una última semblanza de este hogar de caficultores.[10] De los once hijos, seis estaban casados y cuatros de ellos tenían hijos. Ni él ni su difunta esposa habían aportado bienes al matrimonio. Olivo declara que como ella no había hecho testamento, los bienes habían quedado en la masa común, sin dividirse. Estos bienes consistían de la estancia de 100 cuerdas en el lugar del Corcho de los Angeles, con fincas de café y plátanos, montes, malezas y pastos; máquinas "y las alhajas que se encuentran en la casa" (es decir, el mobiliario). Como deudas a su favor, Olivo declara 282 pesos que le debe su hija Josefa Antonia, 95 pesos adeudados por su yerno don Domingo Padró, y 95 pesos que le debe su hija Juana Francisca.

Las deudas en contra hacen una lista impresionante: A Márquez y Cía, de Lares, "ló que resulte de sus libros"; a don Pedro González Bravo, 380 pesos; a don Juan Rodríguez, 59 pesos 37 centavos "que deben pagársele en café en cáscara de la presente cosecha"; a don Pedro Olivo, 60 pesos; a don Francisco Plá y Tort, a quien nombra segundo albacea y contador partidor, la cantidad que resulte de sus apuntes "teniendo esta cuenta

---

10 Prot Not Utuado Otros Funcionarios 1873, 243 r-244 v.

prelación por ser contraída en suministro(s) y pago de este testamento"; a don Esteban Susoni, 19-1/2 pesos; a don Serapio Feo, 4-1/2 pesos.

Bernardo Olivo manda a decir dos misas, una a San Ramón y otra a San José. Lega el remanente del quinto a sus dos hijas solteras, Rosa María y Cayetana, "y comoquiera que Rosa tiene la desgracia de ser maniática", le nombra como tutor a su hermano José. Olivo no firma su testamento por no saber hacerlo.

Veintiún años más tarde, en el catastro de fincas rústicas de 1894, aparecen dos de sus hijos. Bautista tenía entonces una cuerda de café, diez de otros aprovechamientos, y un bohío. Pedro tenía dos de café, 38 de otros aprovechamientos, y un bohío. En el padrón de 1900 sólo queda Pedro José, con 30 cuerdas.[11]

---

11 AGPR, Catastro de Fincas Rústicas de Utuado, nos. 925 y 929; Obras Públicas, Propiedad Pública, caja 227 (Utuado), expediente 170, "Ciudad de Utuado. Relación de los terratenientes que existen en este término municipal según el padrón de contribuciones del año 1900 a 1901", 2 v.

CONCLUSION

En otros países de Latinoamérica la historia de la tenencia de la tierra se ha hecho en la coyuntura de los esfuerzos por hacer una reforma agraria. En esa circunstancia, es natural que se haya enfatizado la formación y la perpetuación del latifundio desde la conquista hasta nuestra época, y que se hayan estudiado con especial ahinco los mecanismos que hacen del latifundio una unidad de cultivo poco productiva y socialmente nociva. Por lo general, la pequeña y mediana propiedad agrícola en la historia de Latinoamérica se ha estudiado poco. Su existencia, o se considera globalmente como una etapa transitoria en el desarrollo de la concentración de la propiedad en pocas manos, o se ve como un resultado del aborto del capitalismo agrario, y un síntoma del estancamiento económico.

En México, sin embargo, habiendo triunfado la gran revolución contra el latifundio a principios de este siglo, ha habido suficiente tiempo para repensar el papel de la tenencia de tierra en el desarrollo histórico de la agricultura. Como consecuencia, se ha tenido que replantear el problema de la pequeña y mediana propiedad agraria. De particular interés han sido los estudios sobre la época virreinal.[1]

1 Ver Enrique Florescano, *Origen y desarrollo de los problemas*

Frente a la hacienda mexicana colonial del Bajío, el ranchero demuestra singular versatilidad no sólo en sobrevivir, sino también en aprovechar los resquicios que oportunamente le ofrecía el régimen de producción hacendado. Mientras la hacienda se expande en el siglo 18 y, desarrollando sistemas de riego y almacenaje, aprovecha las crecientes demandas por trigo en los mercados regionales, y la necesidad de animales de tracción en las minas, el ranchero concentra sus esfuerzos en suplir de maíz los mercados locales y abastecer de lana los obrajes urbanos.

Hacienda y rancho subsisten e integran un mismo sistema económico. Los hacendados y los rancheros quedan entrelazados a través del crédito y el mercadeo, pero la clase hacendada todavía se distingue por la capacidad de almacenar grano en espera de los buenos precios, y por las posibilidades de transportación a los centros urbanos distantes. Mientras ésta necesita de mano de obra para desarrollar sus tierras, el ranchero podrá florecer

agrarios de México (1550-1821) (2a. ed., México: 1976); D. A. Brading, *Mineros y comerciantes en el México borbónico (1763-1810)*, trad. R. Gómez Ciriza (México: 1975); William B. Taylor, *Landlord and Peasant in Colonial Oaxaca* (Stanford: 1972); Flor de María Hurtado López, *Dolores Hidalgo: Estudio económico 1740-1790* (México: 1974); John M. Tutino, *Creole Mexico: Spanish Elites, Haciendas and Indian Towns, 1750-1810* (tesis doctoral, Austin, University of Texas, 1976); D. A. Brading, *Haciendas and Ranchos in the Mexican Bajío: León 1700-1860* (Cambridge: 1978). El gran precursor de los estudios contemporáneos sobre la hacienda colonial, Francois Chevalier, en el prefacio a la segunda edición en español de *La formación de los latifundios en México* enfatiza la necesidad de estudiar la pequeña o mediana propiedad campesina o mestiza "más extendida a veces de lo que se suele creer" (México: 1976, p. xiv).

aprovechando las oportunidades de arrendamientos, los buenos precios como consecuencia de la creciente demanda de granos, y las facilidades de crédito que se generan por la necesidad de los grandes de invertir sus ganancias.

Pero, a medida que el sistema va rebasando sus parámetros naturales, se agotan las posibilidades de desarrollo para los rancheros del Bajío mexicano y las crisis recurrentes diezman sus rangos. La tierra viene a ser foco de inversión para las ganancias de mineros y comerciantes. El auge demográfico de la segunda mitad del siglo 18 ha colmado la necesidad de mano de obra, induciendo a los grandes terratenientes a cultivar sus tierras directamente, o a arrendarlas en bloque a inversionistas que no tendrán dificultad en reclutar peones.[2] Los rancheros empiezan a litigar unos con otros por un poco de tierra; los pleitos de herencia y de colindancias terminan por tragarse los patrimonios. Así, el ranchero del Bajío mexicano va llegando a las vísperas de la guerra de independencia, en la cual pelea con determinación por regresar a una etapa irrecuperable de su pasado.

En la formación del México independiente, el ranchero del Bajío, aunque ve desaparecer su fortuna, sobrevive como prototipo nacional. Se piensa en él cuando se habla de los que hicieron posible la resistencia de Juárez; se le evoca en el contexto del rechazo de la modernización económica impuesta por el porfiriato; se le mitifica cuando se

2 Brading, *Haciendas and ranchos*, 172-73.

habla de los forjadores de la revolución del 1910; se le cita con indulgencia cuando se trata de explicar el fenómeno cristero. Es un lugar común como ente del folclore costumbrista, pero todavía no se le conoce lo suficiente como productor agrario.

En Puerto Rico pasa algo semejante con el pequeño y mediano productor agrícola. El campesino puertorriqueño ha sido el foco de estudios folcloristas; el antropólogo lo ha interrogado asiduamente; el historiador nacional ha ido al batey en la montaña en busca de sus raíces; el historiador literario ha recogido celosamente sus coplas y refranes y ha antologizado sus cuentos; el lingüista ha grabado y transcrito sus acentos y ponderado su vocabulario y su sintaxis anacrónica. Todos hablamos del jíbaro, pero sólo cortando con tijeras citas de nuestros cronistas y pegándolas en orden cronológico en nuestras libretas de apuntes lo vamos conociendo como productor agrícola.

Peor aún: no acabamos de distinguir entre el jíbaro que era peón de hacienda cafetalera, jornalero endeudado en una tienda de raya, que vivía en el bohío mugriento que Nemesio Canales se negó a glorificar,[3] y el jíbaro que era pequeño propietario. Se habla indistintamente, como si fuera lo mismo criar gallos de pelea en el terrenito heredado, que tener que cortar maleza de sol a sol en la hacienda vecina. Era un mismo sistema, pero uno en el que peón y pequeño terrateniente juga-

---

3 "Nuestros jíbaros", en *Meditaciones acres,* ed. Servando Montaña (Río Piedras: 1974), 128-32.

ban papeles muy diferentes, y no se confundía fácilmente al uno con el otro. Mucho de nuestro folclore y de nuestras tradiciones artesanales se las debemos al jíbaro terrateniente. ¿Cuál era su papel en la economía agraria? Resumamos el caso de los campesinos de Utuado.

Entre 1850 y 1914 la unidad cafetalera típica en el territorio utuadeño, y en conjunto, la que mayor proporción de café produjo, fue la estancia de menos de 200 cuerdas. En dicha unidad típica se cosechaban junto con el café, frutos de refacción y autoconsumo y prevalecía la mano de obra familiar subordinada al cabeza de familia terrateniente.

El desarrollo de estas unidades de producción, y el hecho de que jugaran un papel tan importante en el apogeo del cultivo del café en Utuado se debe a que contaban con el apoyo de un sistema de refacción que, a la vez que les exigía, les garantizaba el mercadeo del fruto. Por otro lado, las rutas de acarreo que se desarrollaron para acomodar las necesidades de las haciendas que estaban surgiendo estimuló a los pequeños y medianos terratenientes a producir, e hizo posible que las haciendas absorbieran las cosechas correspondientes. Asimismo, las modernas maquinarias que las haciendas instalaron para procesar el café sirvieron de estímulo. En esta forma, haciendas y estancias se apoyaron y estimularon mutuamente. No se entendería el relieve que pretendieron alcanzar las primeras sin recordar el aporte que las segundas les hicieron, no sólo con su grano, sino además con su mano de obra, con las ganancias que le proporcionaron a las tiendas de raya y con el sistema prestatario de los hacendados.

De haber continuado el ritmo de crecimiento de las haciendas, es probable que estas hubieran anexado, íntegramente, la superficie y la mano de obra de las estancias vecinas. Pero este crecimiento no se dió. En primer lugar, la invasión norteamericana alteró los patrones de crédito y mercadeo y creó en la costa azucarera un polo de atracción más poderoso para aglutinar la mano de obra. En segundo lugar, la propia dinámica del mercado internacional del café conllevaba el desarrollo de frenos en la producción cafetalera puertorriqueña.

Grandes y vigorosas como fueron algunas de las haciendas cafetaleras puertorriqueñas, no podían, por la naturaleza del producto principal de sus cultivos, controlar su precio. Este lo fijaba la demanda internacional. En las últimas décadas del siglo 19, la crisis de la producción cafetalera en tres de los principales surtidores mundiales de café de entonces, a saber, Java, Brasil y Cuba, permitió que otros países, como Guatemala y Puerto Rico, desarrollaran su producción grandemente por el aliciente de los precios altos.

La subida de los precios, sin embargo, promovió la revitalización de la producción cafetalera de Brasil, y abrió nuevas zonas de cultivo. También sirvió de incentivo a Colombia, y a otros países con terreno y medios apropiados para el cultivo de café, como Costa Rica y Angola. Esta producción más generalizada causó una baja en los precios a principios de siglo. De igual modo, hizo posible que los países productores que podían mercadear un mayor volumen del grano por contar con mano de obra barata y abundante tierra virgen acapararan las ganancias en los mercados internacionales.

Con o sin invasión norteamericana, el café puertorriqueño tenía que afrontar esa nueva competencia en el mercado internacional. La depresión de los precios cafetaleros habría de afectar, necesariamente, la situación de aquellos que habían comprado o arrendado tierras a precios y cánones cada vez más altos. También causaría problemas a quienes habían invertido en equipos o mejoras, tales como tahonas, sistemas de riego y canales de agua, en la convicción de que la demanda internacional de café nunca se colmaría.

En esa situación, era la estancia y no la hacienda cafetalera la que estaba mejor preparada para afrontar la crisis. La familia estanciera podía arriar velas, restringiendo su consumo.[4] Por ejemplo, podía tomar medidas tales como depender más de sus cultivos de frutos menores, posponer matrimonios, sembrar tabaco y dirigir sus miembros hacia la crianza de animales o las artesanías. Todavía podía pagar sus obligaciones en especie, aunque se requiriera producir más para lograr la misma liquidación de cuentas. La hacienda, sin embargo, había venido a depender mucho más del café, y confrontaba compromisos mucho más fuertes. Su tierra estaba menos desarrollada, proporcional-

---

[4] Ver Wolf, "Tipos de campesinado latinoamericano: Una discusión preliminar", *loc. cit.*, 48-49.

mente, que las estancias familiares. Ahora también tenía que competir con las plantaciones azucareras de la costa para retener la mano de obra. El estilo de vida de los hacendados, cuyos hijos habían recibido educación superior, y habían entrado en contacto con el mundo refinado de Europa y de la capital local, hacía más difícil un ajuste en las nuevas circunstancias. El crédito se hacía cada vez más esquivo, cuando más se necesitaba para reponer las pérdidas sufridas con los trastornos de la invasión, y los desastres del huracán San Ciriaco. Inclusive la hacienda confronta el peligro de que la estancia se independice respecto a ella y recurra más al pueblo para su refacción y mercadeo.

La crisis después del 1898 hizo patente que la estructura interna de las haciendas era muy diferente a la de las estancias y que aquéllas eran mucho más vulnerables que éstas a la fluctuación y cambios en elementos externos. La estancia podía revertir a una agricultura de frutos menores y crianzas de animales, dedicando un volumen menor de la producción al mercado de exportación. La hacienda no podía hacer tal cosa. Para confrontar sus obligaciones, el hacendado tenía que producir mucho más que lo necesario para él y su familia. Deudas, impuestos, reparaciones, viajes, educación, gastos necesarios para mantener una situación social prestigiosa, etc., —era imprescindible el volumen de producción dedicado al mercado para compensar así la baja en los precios.

El tabaco vino a ser como una tabla de salvación

tanto para la estancia como para la hacienda, y ayudó grandemente a estabilizar la situación en el territorio utuadeño. Pero aquí también las diferencias estructurales se harían sentir en términos de la vulnerabilidad a los cambios en el mercado. La hacienda era menos flexible que la estancia, y dependía mucho más de una infraestructura de crédito y mercadeo locales.

La estancia cafetalera ha persistido, después de los rudos golpes que ha sufrido el café en Puerto Rico a lo largo del siglo 20. La hacienda cafetalera ya no existe, salvo en rincones apartados de nuestro país, como Castañer. El propio proceso ha demostrado que la estancia no era una etapa transitoria en la formación de la hacienda, sino un engranaje necesario que viabilizaba la formación y la hegemonía de la hacienda, pero que podía subsistir, aún cuando ésta desapareciera, replegando y ajustando su producción.

Si nuestra historiografía social persiste en el espejismo del Puerto Rico de las haciendas cafetaleras, es porque no acaba de convencerse de que el cambio no siempre es un proceso progresivo y lineal. Si seguimos asumiendo que la hacienda corresponde a un estadio posterior en el desarrollo de las estancias patrimoniales de subsistencia, y que las estancias necesariamente entran en agonía cuando nacen las haciendas, es muy difícil explicar lo que pasa en nuestra montaña entre 1870 y 1950. En el Registro de la Propiedad, en los tomos de los protocolos notariales, y en sus propios libros de cuentas, las haciendas se manifiestan como unidades altamente inestables, sujetas a múltiples presiones, sensibles a fluctuaciones de precios y a dispendios fortuitos de sus poseedores. La hacienda cambia de manos, se divide y se subdivide, se reforma, muere y renace en compases vertiginosos. En cambio, la pequeña unidad de producción agrícola, sin atraer la atención con múltiples piruetas, perdura.

*La composición tipográfica de este volumen
se realizó en los talleres de Ediciones Huracán, Inc.
Ave. González 1002, Río Piedras, Puerto Rico.
Se terminó de imprimir el día 1 de enero de 1985 en
Editora Corripio, C. por A., Santo Domingo, R. D.
La edición consta de 3,000 ejemplares*